景德镇御窑博物馆

朱锴　著

景德镇御窑博物馆

朱锫 著

广西师范大学出版社
· 桂林 ·

图书在版编目（CIP）数据

景德镇御窑博物馆 / 朱锫著 . — 桂林：广西师范大学出版社，
2022.10

ISBN 978-7-5598-5288-5

Ⅰ . ①景… Ⅱ . ①朱… Ⅲ . ①官窑–博物馆–建筑设计–景德镇
Ⅳ . ① TU242.5

中国版本图书馆 CIP 数据核字 (2022) 第 150115 号

景德镇御窑博物馆
JINGDEZHEN YUYAO BOWUGUAN

出 品 人：刘广汉
责任编辑：冯晓旭
装帧设计：六　元
色彩监制：黄晓飞

广西师范大学出版社出版发行

（ 广西桂林市五里店路 9 号　　　邮政编码：541004 ）
（ 网址：http://www.bbtpress.com ）

出版人：黄轩庄
全国新华书店经销
销售热线：021-65200318　021-31260822-898
上海雅昌艺术印刷有限公司印刷
（上海市嘉定区嘉罗公路 1022 号　邮政编号：201800）
开本：889 mm × 1 194 mm　　　1/12
印张：20　　　　　　　　　　字数：135 千字
2022 年 10 月第 1 版　　　2022 年 10 月第 1 次印刷
定价：288.00 元

目录

朱锫的建筑

斯蒂文·霍尔（Steven Holl）

我第一次见到朱锫是在 2003 年秋天，在李虎当时于北京新的 798 艺术区组织的一次咖啡晚宴上。这个始建于 1954 年的庞大工厂群是由受包豪斯影响的德国人建造的（而不是苏联风格的）。1995 年，中央美术学院（CAFA）的一些艺术家开始利用这个废弃的工厂里的空间；到 2003 年的时候，那里已经形成了一个由 30 多位艺术家和出版商组成的艺术社区。我曾要求李虎为我介绍一位最有前途的年轻建筑师，他选择了朱锫。我清楚地记得那次会面，因为在那家艺术家咖啡馆里，我的牙齿被硬玉米棒子硌断了——当时我想我一定是年纪大了。

在 1993 年出版的《感知的问题：建筑的现象学》（*Questions of Perception: A Phenomenology of Architecture*）一书中，我和尤哈尼·帕拉斯马（Juhani Pallasmaa）、阿尔贝托·佩雷斯 - 戈麦斯（Alberto Pérez-Gómez）共同概述了建筑的一种普遍理论，其目的在于强调建筑的体验感维度。我们论证了在当时那个用石板和铝板所建造的"垃圾空间"占据了主导地位的时代，材料和细节的"触觉领域"（haptic realm）在建筑中的重要性。我们文章中的许多观点在朱锫于中国中部城市景德镇设计的御窑博物馆中得到了出色的体现。

在当下执念于物象而非体验感的数字时代，许多年轻的建筑师只想做"标志性"建筑，而御窑博物馆明显是属于城市语境的，它与城市和场地有很深的联系，因此也与特定的文化生活和记忆相关联。在我们意识到气候变化的时代，这个作品是一个具有高度启发性的建筑范例——我们可以看到引入了水

我最近与朱铭在北京的会面，2019 年
[从左至右：阿尼什·卡普尔 (Anish Kapoor)、朱铭、
斯蒂文·霍尔、罗伯托·班纳 (Roberto Bannura)]

朱铭和我在北京研讨会上，2019 年

平方向凉风的南北向的开放式拱券、建筑对阴凉和阴影的营造，以及诗意般的自然光等。其多孔的几何形体使参观者体验到了多向重叠视角带来的空间张力。

朱锫在作品中对细节和材料一丝不苟的态度表现在塑造重复利用的老窑砖与新窑砖的有趣对比上。当建筑倒映在带有由水、石所营造的立体景观的镜面般的水池中时，这一关键要素宛如音乐厅中回响的乐章般，向未来的市民和建筑学生们细诉——这是景德镇市中心的一个乌托邦片段、一个建筑杰作。

于美国纽约州莱茵贝克市

2021 年 11 月 9 日

[附：写在勒·柯布西耶 (Le Corbusier) 最后一位在世的弟子何塞·奥布雷里 (José Oubrerie) 89 岁生日之际]

斯蒂文·霍尔

1947 年生于美国华盛顿州布雷默顿，毕业于美国华盛顿大学，并于 1970 年到罗马继续建筑学研究。1976 年，他到伦敦建筑联盟学院（AA）深造，并于 1977 年成立了斯蒂文·霍尔建筑师事务所（Steven Holl Architects）。他被《时代》杂志评为"美国最佳建筑师"，因为他的作品"既能满足精神需求又能满足视觉需求"。他的文化、市政、学术和住宅项目遍布美国和世界其他国家。斯蒂文·霍尔曾获得多项建筑界顶级奖项，特别是世界文化奖（Praemium Imperiale）建筑奖、美国建筑师协会金奖（AIA Gold Medal）和英国皇家建筑师协会詹克斯奖（RIBA Jencks Award）。

朱锫的景德镇御窑博物馆，中国江西，2016—2020

肯尼斯·弗兰姆普敦 (Kenneth Frampton)

从建筑师的草图来看，御窑博物馆不仅被设想为一个考古学的隐喻，而且被构思为能够调整自身微气候的复杂多孔隙建筑组群。正如建筑师曾写道：

> "……八个砖砌拱券的长轴呈南北方向排列，每个拱券的两端是开放的。开放和闭合的拱券的交错布置不仅遮挡了西侧的阳光……而且将每一个拱券转化成了一个风的隧道，让夏季南北向主导的习习凉风自然流进建筑内部。同时，五个大小、尺度不同的下沉式庭院形成了烟囱效应，引导了垂直方向的气流……"

景德镇曾经是整个明朝时期最负盛名的瓷器生产中心。在场地上，博物馆的双曲面拱券构成了一个地景式的矩阵，融入了这座古老的产业城市中心。与坐落于地面的、被碎片化的建筑体量相比，博物馆的大部分体量被置于地下。博物馆体量不仅被拱券之间的缝隙所打断，而且，故意互相错位的轴线也使之构成了一种富有节奏感的、穿梭在五个开放式下沉庭院之间的复杂光影效果。拱券尽端明亮而富于变化的光线，与时而从侧面狭长的、水平的开缝洒下的光线一起，将整个空间渲染得生机盎然。建筑内部的光线则源于随机出现的圆柱形天窗，它们的设计灵感来自传统窑炉顶面开出的观察孔，随着太阳的移动而不断变化的光柱使一些拱券的尽端出人意料地生动起来。建筑师就这种变幻的光感写道：

> "自然光的微妙变化一方面使博物馆与周围的自然环境和谐共生；另一方面，它也是一

种媒介，将人、展品和建筑交织在一起。"

作为自然光的补充，可调节射灯不仅照亮了特定的展品，也辅助整个展厅将动态的冷暖光线融合在一起。这些射灯在夜间将拱券的内表面扫亮，为其内部空间带来戏剧化的特征。

这座建筑从里到外都是用回收再利用的旧砖砌筑而成的。这些旧砖是长期积累下来的，源源不断，它们来自为保持烧制瓷器所需的高温而不断反复拆除和重建的窑炉，从而使得建筑与场地的历史密不可分地相互交织为一体。这些老窑砖狭长而色彩略异，有着不同程度的斑驳的燃烧痕迹，并与属性、比例相似的新砖块有机混合在一起，它们共同被用来小心地砌筑成了内外两层结构，并作为钢筋混凝土壳体拱券的模板永久存在。这个拱形的面层像织物一般沿着曲面拱券起伏，拱券的两端恰好被两道紧密排列的带状水平砖块收封。拱顶边缘的砖带让人想起了罗马拱门的意象。值得一提的是，这种建构性的联想与中国传统和启发了这一概念的地中海地区筒拱建筑都相去甚远。这让人想到勒·柯布西耶于 1948 年在卡普马丹（Cap-Martin）设计的筒拱住宅"侯克与侯柏"（Roq et Rob）度假小屋。同时，拱券强烈的表现特征也让人想到位于北京郊区的明十三陵的墓穴——拱券的形式与中国文化中的纪念性息息相关。

从不同角度来看，这件作品可被视为同时拥有非建构性（atectonic）和建构性（tectonic）。它的非建构性源于砖只作为混凝土壳体拱券模板的处理方式；而拱券侧面的狭长开缝致使大跨度钢槽或混凝土边梁与拱顶一体化浇筑，从这个意义上看，它又拥有建构性。

在其他方面，这件作品也可以被看作具有对话性。一方面，宽阔的石板路与被置于两侧的同样宽阔的水景花园形成了对比；另一方面，博物馆倒映在水中的幻影与置于地下的迷宫般曲折的空间产生了意象中的对话。同时，由于原始砖窑遗址在其中一个下沉庭院中被挖掘出来，因此建筑师有意用整个建筑的隐喻性 "废墟" 特征与原始砖窑的实际废墟构成呼应。

御窑博物馆在入口处有大量的公共空间，这种处理让它既是一个具有代表性的交往空间，也是一个带有公共意义的博物馆。这种公共性不仅体现在可以从入口广场直达的拥有 130 个座位的报告厅上，而且也表现在门厅自身的高大空间及最大的拱券尽端下层的广阔视野上。整个空间序列中紧邻门厅的拱券被用作书店、咖啡馆和茶室，在其中可以俯瞰静谧而开阔的水景花园。巨大的拱券包裹着被分成上、下两层的公共空间，其中下层被用作主要的展览空间。

人们注意到，主入口处的水景花园由水平延展的且铺有河卵石的浅水区，和被巧妙地放置在水下的一组岩石组成，有些岩石恰好微微露出水面。这与旁边一个较小的水景花园边上的竹林共同呼应了中国传统景观的精神特质。从入口门厅步入其后相邻的拱券，人们在开放的拱券下可以俯瞰出土的窑炉遗址，以及远端一个非典型的短拱券下的户外剧场，从而获得行进中的方向感。穿过第三个相对狭窄的拱券，走向通往下层的主楼梯，地下层的藏品展示在一个个独立的玻璃柜中。在这些像小房间一样大的玻璃柜中，展品看起来更加具有亲人的尺度，这种冲突性的尺度操作似乎达到了最佳的展示效果。

若非如此，那些精致的瓷器多半会被淹没在巨大拱券的磅礴气势之下，尤其当聚光灯没有充分照亮它们的时候，情况更是如此。这让我们联想起卡洛·斯卡帕（Carlo Scarpa）的作品：博物馆中的每个元素本身都被看作一个微观的建构性片段，它们的比例和形式都在藏品的尺寸与空间的尺度间起着调节作用。御窑博物馆是一个极具原创性的伟大作品，它使景德镇恢复了其在中国文化史上崇高的地位。

肯尼斯·弗兰姆普敦

出生于 1930 年，曾就读于伦敦建筑联盟学院（AA）。他于 1959 年到 1965 年在英国道格拉斯·斯蒂芬建筑事务所（Douglas Stephen & Partners）工作，于 1962 年到 1965 年任《建筑设计》（*Architectural Design*）杂志的技术编辑。从那时起，他一直以评论家和学者的身份活跃于学术圈，撰写了多部图书并发表了多篇文章，其中包括《现代建筑：一部批判的历史》（*Modern Architecture: A Critical History*）（1980—2021）、《建构文化研究》（*Studies in Tectonic Culture*）（1992）、《勒·柯布西耶》（*Le Corbusier*）（2001/2022）、《劳动、工作和建筑》（*Labor, Work & Architecture*）（2005）、《现代建筑的谱系》（*A Genealogy of Modern Architecture*）（2015），以及《其他现代建筑运动》（*The Other Modern Movement*）（2021）。他于 1972 年到 2020 年期间在纽约哥伦比亚大学建筑、城市与保护研究生院任教，现为荣休维尔讲席教授。他还在苏黎世联邦理工学院、洛桑联邦理工学院、门德里西奥建筑学院和伦敦皇家艺术学院等建筑学院任教。他在世界范围内获得了许多荣誉学位，2021 年，他被授予大英帝国司令勋章（CBE），以表彰其对建筑的贡献。

考古——一个博物馆的创作探索

莫森·莫斯塔法维（Mohsen Mostafavi）

在景德镇市设计一座当代建筑或许充满挑战，尤其是当这座建筑与该市重要的历史、文化和艺术传统——制瓷业紧密相连时。

人口相对稀少的小城景德镇长期以来一直是中国的"瓷都"。这个城市与陶瓷的联系可以追溯到大约两千年前的汉代（公元前202—公元220年）。它的地理位置足够偏远，没有像其他地区一样因受到冲突和战乱的影响而导致制瓷业发展停滞不前。同时，它拥有丰富的原材料，如优质的瓷石或瓷土、供应窑炉焚烧木柴的森林，以及附近的河流等。后来，在明朝时期（1368—1644年），景德镇作为中国最大的陶瓷器物产地，被指派为皇室家族制造"御用瓷器"的城市，因而地位进一步提升。早在1369年，景德镇就建造了第一座御用窑炉。

虽然这个城市仍然以其瓷器的制造而闻名，但它的许多旧作坊和窑炉已经被拆除或变成了废墟。其他主要位于城市中心区的窑炉则作为该地区物质遗产得到了修复。这些窑炉不仅展示了城市早期的传统，而且也成为景德镇发展旅游业的古迹资源依托。

近年来，景德镇不断扩大其基础制造业，除瓷器制造业之外还发展了汽车和航空业。例如，该市已成为直升机的主要生产地。城市朝着现代化的方向迈进，加上雄心勃勃的地方领导对唤醒城市历史价值的热情，使得景德镇成为中国不同凡响的小尺度城市之一。因此，如何强调与瓷器制造有关的历史文物保护的重要性，同时又能构成一个具有当代性和前瞻性的议题，就不可避免地成为御窑博物馆设计所面临的问题之一。

在中国，对历史建筑的维护有两种不同的模式：一种是将其复制或者恢复到建筑的原始状态，即所谓的"原真性"；另一种是认可并表现其经过历史不断变化的状态，即所谓的"真实性"。这些概念也为当代建筑及其与历史先例的关系提供了一个视角。譬如，一个新的建筑在承认当代性的同时，如何调节与过去的关系？

在这两种模式下，建筑与过去或其复制品的关系可以是直接的，或者是类比的。一种有赖于对建筑形式的模仿和复制，而另一种则更具有解释性。在后一种模式下，尽管对过去形式的参照和致敬仍然有迹可循，但是设计本身需要超越其参照物的原始时间并拥抱当下。一座建筑的用途、空间和材料特征展现了它所归属的时间维度。那么，新建的御窑博物馆要以什么样的立场来回应这些问题呢？

御窑博物馆地处十分重要的地段，那里存留着丰富的瓷器制造历史遗迹。它不仅是一座致力于展示瓷器和陶瓷历史的建筑的所在地，更是一处考古遗址。

该博物馆由一系列拱券形的砖结构组成，让人联想到中国传统的柴窑。这些拱券尺度各异，如乐谱上的音符一般有节奏地彼此相邻排列。同样，它们的形式变化和彼此间隔共同作为一个组群，也构成了一种连贯的视觉效果。因此，尽管它们的尺度各不相同，却被整合起来实现了总体上的统一。同时，拱券结构的布置仍取决于遗址的考古条件，也取决于建筑内部的空间和功能分布情况。

虽然博物馆从外面来看是一系列单层结构，但内部实际上有三层，其中两层在地下。参观者在看过地上层的永久展览之后会到下层空间参观其他永久展览中的文物藏品。下层展厅的位置和布置类似一个考古现场，仿佛展出的文物就是从这里发掘出来的。然而，这些文物此刻在这个展厅内展出。这个空间可以被直接或隐喻性地想象成一个考古现场，被挖掘、敞开又被覆盖、埋葬而形成展示的空间。这就是建造在历史遗迹上的建筑所具有的冲突属性。

这种情况的复杂性尤其表现在建筑中央的一个拱券结构上，它似乎被"扯开"以暴露出早期瓷器作坊的遗址。参观者从博物馆的门厅进入展览空间时，首先看到的便是这些过去的物理遗迹。遗址被夹在一侧的永久展览空间和另一侧的户外剧场之间，通过建筑师巧妙的空间营造，参观者能够意识到对面户外剧场中观众的潜在凝视，遗址的特性从而得以强化。户外剧场与遗址的并置削弱了遗址本身的意象。在博物馆的映衬下，遗址不仅是博物馆中参观者的观察对象，也是整个户外剧场中观众的观察对象。这一系列的空间关系，将现在与过去，和过去与现在，并置在了一起。

与此同时，建筑师也通过营造拱券结构的纵向观感，有意识地打断了博物馆内部体验的某种永恒的连续性，而这种连续性时常与赌场中的剥离时间感的体验别无二致。建筑师通过一系列外部下沉式花园来塑造内外关系，而这些花园也有利于调和博物馆和周围历史街区之间的关系。博物馆入口两侧的两个大水池进一步充实了建筑的视觉和感官体验。正如建筑师为参观者和路人刻意塑造的多孔建筑体量一样，这些外部元素同样是用于创造一个精心构思的、与自然系统对话的开放环境。

博物馆的规模、形式、材料所构成的内外关系更延伸到了更大的城市文脉中。为符合当地历史街区的规划规定，博物馆的拱形结构的高度被限制在 12 米以内。除了尊重周围的历史城市肌理外，博物馆的设计还呼应了主入口对面巨大的 6 层高的龙珠阁。龙珠阁始建于唐朝（618—907 年），曾在皇室陶瓷的生产上发挥了重要作用，但原建筑已经沦为废墟。现在矗立于此的是于 1987 年按照原样重建的楼阁，其修复方式符合"原真性"的概念，或者说它是一个原建筑的直接复制品。

因此，具有讽刺意味的是，一座具有创新性设计理念的，而且回应了目前的规划要求的重要的当代文化建筑，竟然受到了严格的高度限制，而不像重建的龙珠阁。在这个语境下，这两座建筑哪个更真实呢？是重建的龙珠阁，还是新建的御窑博物馆？

真实性的问题充满了复杂性，其公众接受度的问题尤为棘手。尽管龙珠阁本质上是一个重建项目，但它仍然象征着这个城市的悠久历史，以及其登峰造极、巧夺天工的瓷器工艺制造传统。龙珠阁的复制也在当代的建造语境下致敬了原建筑的设计理念和施工方法。尽管如此，如果我们参照文化理论家让·鲍德里亚（Jean Baudrillard）的"拟像"（simulacrum）概念，龙珠阁就不再被视为一个"复制"的问题，而更多地被视为一个"用真实存在物的符号（sign）来代替真实"的问题。然而，在日常生活中，很少有人从这个特定角度来考虑所谓的历史文物。关于龙珠阁的象征性叙事也就掩盖了其真实性问题。

御窑博物馆也与复制的议题相关，而且其做法或许比被重建的龙珠阁还要"不真实"。例如，为了向景德镇历史悠久的砖拱券柴窑建筑致敬，博物馆没有使用类似的纯砖拱券结构，而是依靠混凝土拱券来保证结构的稳定性，并在混凝土内外砌筑砖。这种因为抗震规范要求而强制执行的做法，以及隐而不现的、在形式上模仿纯砖拱券结构的夹层钢筋混凝土拱券结构，也让人们对博物馆"砖拱券结构"的真实性产生了质疑。

这种对原作的偏离是否使博物馆建筑变得不真实？或者说，这种偏离是不是建筑学在面对当代现实如功能和规范的复杂性，同时又在追忆早先的历史记忆时，所面临挑战的一种表现？

也许御窑博物馆在对待建筑文物于时间流逝中的不连贯性、非延续性的认识，使之在精神上更接近于"真实性"的概念。这就是御窑博物馆对探索性和实验性的真正贡献所在。这个项目也为当代中国建筑如何面对自己的历史和未来提供了一条值得借鉴且富有成效的道路。

莫森·莫斯塔法维

哈佛大学亚历山大和维多利亚·威利设计教授、哈佛大学杰出贡献教授。他独著或合著过的出版物包括《论风化：建筑物在时间中的生命》（*On Weathering: The Life of Buildings in Time*）、《表皮建筑》（*Surface Architecture*）、《近似性：彼得·马克里的建筑》（*Approximations: The Architecture of Peter Märkli*）、《作为空间的结构：约格·康策特作品中的工程与建筑》（*Structure as Space: Engineering and Architecture in the Works of Jürg Conzett and His Partners*）、《生态城市主义》（*Ecological Urbanism*）、《城市伦理：城市与政治空间》（*Ethics of the Urban: The City and the Spaces of the Political*）、《波特曼的美国及其他》（*Portman's America and Other Speculations*）。他目前正在进行一项关于日本建筑和城市化的长期研究项目，参见 japanstory.org。

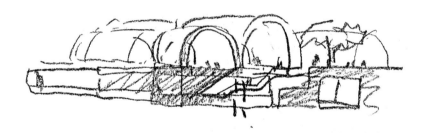

"挛窑意匠" 有无中

周榕

介入超复杂世界的当代犹疑

景德镇御窑博物馆基地位处的超复杂环境似乎构成了一个时代隐喻：旧时巷陌与突然崛起的商品楼宇、古窑遗墟与迁建复原的传统民居、画阁飞檐与现代简约的博览建筑混杂拥簇，时空碎片纷至沓来，汇聚成一个放射状的城市地理断层，却无法完成一次结构清晰的文化叙事。

建筑所置身的超复杂地段犹如建筑师所面临的超复杂世界，现代化乌托邦所允诺的秩序图景早已破败零乱，资本、技术、社会、信息所搅动的能量紊流冲决激荡，人类文明五千年来积存的经验工具和孕育的历史想象力正在大面积失效，"未来"前所未有地化身为一个高度不确定的认知黑洞，吞噬一切让人们觉得胸有成竹的解决方案。

对于当代世界所内蕴的"确定性危机"，建筑师们既缺乏自觉和洞察，又缺乏戒惕与准备。今天，绝大多数建筑师的创作，还停留在"断言型"的思想层面，仿佛自己真理在手，乾坤笃定，代表美好未来向混乱现世进行单向度的空间布道。殊不知世易时移，当今世界的整体运行早就开始逸出现代主义的思想轨道与价值区间，"现代性"已经无法继续提供当代人恒固的意义锚点，而新的意义框架甚至连地基都无处可寻。在这种情势下，建筑师笔下一切夯实旧秩序的空间构造都显得虚妄而轻浮。

在我看来，景德镇御窑博物馆最值得关注的智识贡献，莫过于建筑师谋篇布局起手时所展现出的，一种对现代秩序世界充满"犹疑"的价值态度。作为一名深度参与了二十年来当代中国空间范型建构的标杆型建筑师，朱锫显然是一位成就斐然的既得利益者及被委以维护体系格局重任的局内人。然而在历经多年省思之后，他开始对自己长期笃信并践行的现代建筑信条产生了浓重的怀疑。折射在御窑博物馆设计上，就是某种哈姆雷特式的犹疑。

面对基地周遭咫尺拥塞的超复杂环境现状，朱锫深知，新建筑必须首先具备足够复杂的认知结构和足够茂盛的视觉样态，才能拥有足够能级的环境整体统摄力；但同时又必须避免新建筑突兀地插入的高建制化空间，与时间中偶然堆叠起来的左邻右舍形成过强的对比冲突，才能化干戈为玉帛，把周边泥沙俱下、奔涌而来的历史性环境能量导引汇流，化为加持自身活力的生命泉源。

天下至柔莫过于水，为了让新建筑与基地周边复杂参差的边界达到圆融状态，朱锫创造性地采用了一种"空间液化"策略：把基地视为水面，将整体建筑切分为十余个大小不一、各自独立的狭长拱筒单元，如一排相簇的乌篷船泊集于岸边。风吹水涌，这些"浮动"的拱筒彼此间产生了极为自然的间隔关系，似乎相互平行却又错动摇曳，似乎被规定了秩序却又逸出了严密排布的几何框架，似乎是偶然的随机措置却又在每处细节里浸润了精微到极致的匠心。这一柔化了理性刚度的"液态"空间结构松散而流动，既没有明显的中心，也没有确定的边界，室内和室外之间随意漫游，预埋了多重行走和体验的暗线。

按照常规的现代建筑学原则，这座博物馆在认知上无疑是低效率甚至反效率的，却意外地带来了绝大多数现代建筑都不具备的"丰盛感"，以及某种难以言说的"当代性"。

如果说，当今全球最显著的特征是"不确定性"爆棚的话，那么，面对这个不确定的快速迭变的世界，后知后觉的建筑界完全没做好起码的应变准备。否认、拒绝、逃避，似乎成了绝大多数建筑师遭遇"不确定性新世界"的应激三部曲。

与此形成鲜明对照的，是朱锫在御窑博物馆设计中所展现出来的，对现代主义建筑学所许诺和虚托的"确定性乌托邦"的怀疑与叛逆。在朱锫眼中，"不确定性"一方面意味着某种令人不安的危险，另一方面也揭示了某种令人兴奋的自由。在确定性的"正负极"之间，存在着一片与"不确定性"共舞的"犹疑疆域"，这片人迹罕至的创造疆域是如此浩瀚无涯，埋藏着大量尚未开掘的形式与意义的双重可能性。把"不确定性"视为创作资源，把"犹疑"当作设计原点，这或许正是当代建筑学与经典现代主义建筑学的根本性分野所在。

景德镇御窑博物馆正是这样一座"犹疑"和"彷徨"的建筑，建筑师一只手建立起清晰的理性格局，另一只手又将其轻轻拂乱、擦抹。游走其间，时时会经历秩序与扰动之间的短暂迷惘和些微惆怅。这些无所不在的"认知孔隙"，给原本应该顺滑的思维制造出大量迷惑性的小空白和小褶皱，让一咏三叹的空间叙事获得了突破常规语言解释系统的丰盈与深邃。尽管设计的形式调性始终和谐如一，但整体建筑仍然呈现出某种罕见的认知上的"闪烁感"——确认挟裹否认，"存在"而不"解决"，法无定法，了犹未了，如一片随意撷取的当代世界。

涵泳体温的"中国性"

千百年来，腾烟飞焰昼夜不息的窑炉，堪称瓷都景德镇的"城市之魂"。"挛窑"，则是当地特有的一种砌窑和补窑的手艺。挛窑师傅在砌筑窑炉和窑囱时，既不支模，也不使用尺规和吊线，仅凭经验手感一圈圈向上垒砌，直到完成巧夺天工的不规则穹拱空间。

如果从内部端详挛窑匠师们砌筑出来的传统窑炉，目光和神思会不由自主地被"吸入"这些仿佛具有魔力的造物杰作。与建筑师用理性头脑"设计"出的现代空间不同，挛窑工法创造出来的，是一种肌肤与物质、腕力与重力之间，长期相互试探、相互较劲、相互纠缠后产生的，记载了过多试错遗痕的可能性博弈轨迹。那些琐琐碎碎、层层叠叠的非标砖块，构筑出了一个由无数"微差偶然性"相互勾连校正后形成"整体目的性"的身体性空间，尽管每一处细节都难称完美，却充溢着某种用手掌摩挲出来的感人的"体温秩序"。

作为一种驯驭不确定性的经验匠艺，让朱锫着迷的"挛窑"带给他最重要的启示，莫过于要在设计中重新找回物与人身体的关联性。为此，建筑师首先要蒙上自己已被理性和知识过度规训过的眼睛，尝试依赖生涩的触觉而非高度程式化的视觉去重新学习造物。基于这种对设计范式的再认知，朱锫在御窑博物馆设计中创造性地使用"连续变截面桶拱"，作为建筑空间构成的基本形式单元。

在现代建筑史上，利用桶拱形单元进行阵列排布以获得内部非凡空间效果的案例不胜枚举，路易·康于 20 世纪 70 年代初设计的金贝尔美术馆、巴克里希纳·多西于 1981 年完成的桑伽事务所，都是营造桶拱阵列空间结构的经典之作。然而，如果认真探究这两个作品背后的底层设计逻辑，就不难发现，无论是前者采用的"轮迹线"的类拱顶结构，还是后者更为规矩的筒拱造型，其价值指向，都是用高度皈依物理规律的简化和单一的机械原则去统控建筑的整体空间结构，从而渲染出某种超越人类日常经验的完美的"神化理性秩序"。

因从"挛窑"工艺中获得灵感而设计的"连续变截面桶拱"，其精神内涵则与"神化理性秩序"迥异其趣。那些初看上去颇为相似的桶拱，细品之下却蕴含着无数的微差变化：每一个桶拱在空间中存在的形式，都是找不到标准模板、无法通过计算得出最优解的"非科学结构"。像"挛窑"一样，建筑师通过对形式的沉潜含玩，在头脑和模型中用思维和情感的"手掌"摩挲出每一个桶拱的特殊造型，不可用数学公式统一定义其空间轨迹，只是光影编织、物空流淌，恰好止于此际，不增不减，恍若天然。

为了进一步烘托"挛窑意匠"所摩挲出的"体温感"，朱锫在建筑的内外表层，将从当地废弃窑址收集来的沾染了窑汗[1]釉化肌理的旧窑砖与新窑砖随机混合砌筑，让"连续变截面桶拱"所营造出的不确定性变得更加生动并可疑。于此，建筑不再是一种如命运般无法挣脱的决定性支配力量，而是可以抚触依靠、细弱到近乎柔软、仿佛能够倾听其喃喃诉说的共情伙伴。

这些好似从土壤中随意生长出来的散漫桶拱，透露着若有若无的呼吸与温度的生命体征，像是一群偶然歇卧在那里的本土生物，温和而安详，很容易让所有人亲近。不管是古典建筑爱好者还是现代形式的拥趸，无论是中国老百姓还是西方建筑师，似乎都能从这座建筑中发现某种亲切而令人心动的熟悉感。尽管这种"连续变截面桶拱"是朱锫全新的创造，却丝毫没有簇新造物形式惯常会散发出的那种凌厉的陌生感和倨傲的侵略性。它就在那里，栖于新与旧、中与西之间，不刻意张扬也不曲意逢迎，温润和煦，向时间与人心缓缓舒展。

百多年来，建筑的"中国性"一直是中西二元对立结构中非此即彼的"极化选择"。为了强调自身的特殊性与独立性，建筑师在对"中国性"进行设计表达时，往往陷入某种不自觉的紧张状态，不仅要

1. 在长期烧瓷过程中，燃烧室内壁与来自松柴和胎釉中的挥发物发生高温化学反应，生成的一层玻璃状熔体。

和"西方"划清界限，甚至要与"现代"进行区隔。这种自外于当代文明造物体系的"排他性中国形式"，非常不利于中国建筑作为全球"文化货币"的流通性。正因如此，景德镇御窑博物馆设计所昭示出的高兼容度"新华夏意匠"，就变得特别引人瞩目。毕竟，人类的理念与文化千差万别，而深层的情感和体温却总是共通并易于传感的。

城市人文共同体的精神磁场与意义锚点

一座城市的"文化"不能仅仅是难以捉摸的"底蕴"，也需要通过各种显影的方式"被看见，被确认，被传播"。唯其如此，城市才能从徒有躯壳的物质空间载具，升华为具有灵魂内核与情感联结度的"人文共同体"。而对于需要不断发展的当代人文共同体来说，一座城市的意义中心不能停滞于昔日辉煌的遗存，必须把传统造物所蕴藉的精神能量，通过当代性新建构揭示、激发、重塑并传扬开来。

曾经遍地举火的窑炉，是景德镇兴盛的象征与骄傲；在生产的间歇，闲置的瓷窑空间也带给景德镇人各种生活的庇佑。这些往日场景，早已积淀为城市集体性的人文记忆。而随着瓷器产业的迅速衰落，这座城市也亟待开始经济、社会和文化的全面转型。在这个继往开来的历史关键时点，如何通过"再造认同"重新凝聚城市人文共同体的精神内核，就成为决定景德镇破局重启命运的"胜负手"。

景德镇御窑博物馆的建成，在很大程度上达成了为原本日渐委顿飘零的城市精神"聚气赋形"提振之功，并统领了这座城市的人文空间再造进程。高明的建筑师，懂得建筑的力量远远"超以象外"，绝不局限于物质空间的有形范围，而是具有更广远辐射力的"精神磁场"。更伟大的建筑师，能够体察人文共同体的共振频率，洞悉让城市生灵"安心"的奥秘。说到底，在这个以城市文明为底色的现代世界，城市必须负责提供现代人类心灵栖居的整体意义系统。我们的生活不得不与城市进行深度的意义锚固，而建筑设计也不得不相应地预留好坚实的意义锚点。

很少有其他的建筑杰作，像景德镇御窑博物馆一样，几乎从面世的那一天起，就已经晋入当代建筑新经典的行列。在不确定的年代，逡巡成为砥柱，冗余成为意义，摩挲成为态度，暧昧成为善意……建筑作为一种历史过于悠久的文明载体，要兼容并收纳当代世界爆炸般增长的复杂性，大约都需要如这座博物馆那般重新开始修行。

周榕

中国当代建筑、城镇化、公共艺术领域知名学者，评论家，策展人；美国哈佛大学设计学硕士，清华大学建筑学院博士、副教授；中央美术学院客座教授；《世界建筑》杂志副主编；多家国际国内专业媒体编委；原创知识自媒体"全球知识雷锋"架构创始人；"三联人文城市奖"架构共创人。

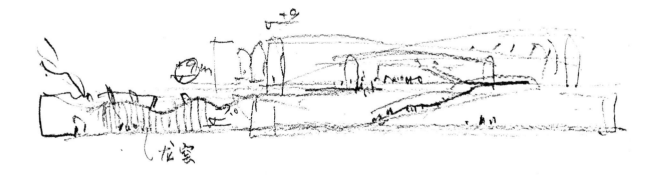

龙家

一座跨越历史和现实的文化建筑杰作

李翔宁

如果说过去三十年当代中国建筑的成就和中国城市的急速扩张相伴而生，对高密度城市化的反映成为建筑师必须面对的客观现实，那么近年来在大都市之外的更疏朗而广袤的自然环境中创造结合自然地景或人文语境的建筑作品则是建筑师们更具有主观投射的观念跃迁。另一个必须面对的挑战，则是近三十年的城乡环境的变迁使得我们和历史以及传统的关联不断丧失，而当代建筑如果丢失了文化的根基，必然会成为无本之木和无源之水。无论是对许多遭受过大拆大建创伤的城市，抑或是对从事当代中国建筑实践和学术研究的专业人士而言，真正能跨越历史和当代现实的文化建筑的实践都具有历史性的价值。

中国南方江西的古城景德镇，既有江南氤氲的山水林泉和城市风貌，又有潜藏着从宋元到明清许多代中国古瓷文化荣光的遗址片区。今天，景德镇人的生活和拉坯、上釉、绘画、烧制的工艺有着些许关联。普通人的日常生活记忆还大多围绕着废弃的窑炉空间，或者是寒冷冬日里怀抱一块烧热的窑砖留下的身体记忆，而工匠手工砌筑的建造经验和工艺也在不多的传承机会中等待着复兴。近二十年城市的发展，让这座从窑炉的焰火和灰烬中涅槃重生的瓷都重新焕发昔日的文化荣光，然而在经济复苏进程中绝大多数已经建成建筑的建造品质和文化品位，都无法和这座被誉为瓷都的城市在世界文化版图中的地位相匹配。而今天，这一切都因为一座博物馆——景德镇御窑博物馆的落成和开放被赋予了仪式的光辉。朱锫设计的这座建筑让景德镇重新占据了中国当代文化乃至世界当代建筑发展进程中的一个高光时刻。

无论是从博物馆西侧的楼阁式建筑顶部俯瞰，还是品味用景德镇特有的影青瓷制作的建筑模型，都让我们可以一窥御窑博物馆的全貌：建筑首先是带有一种隐喻色彩的空间构成，主体是一系列长条拱券状的形体，似乎让人联想起砖窑的空间原型。这一系列的单个形体基本保持着同一朝向，维持着建筑语言的单纯、统一，两侧向室外景观开放，而几何形体之间的错落有致，似乎是随意抛掷的骰子，又像是考古发掘的现场——在历史的沉积中自然形成的组合关系。建筑的下沉和拱体间零星保留的考古发掘现场都将这种隐喻以更清晰的语言昭示出来。围绕主体建筑的浅浅的水面倒映着建筑的体量，也像是一条浅浅的护城河，为博物馆和周边的环境之间划定了一道清晰的边界，似乎也隐喻着建筑和它覆盖、守护的御窑遗址的历史重要性。建筑没有常见的围墙，而正是通过水面和空间的下沉构成无形的边界，同时始终保持了空间和视觉景观的连续性。

拱券表面夹杂着乌黑发亮带有窑汗的老窑砖构成暗红色的表面肌理。这种经过精心选择和无数次现场小样比较后确定的材料，完整地覆盖了整座建筑的内外墙体。这确保了建筑和作为砖窑常用的红砖的再诠释，在色彩上建立了和对面草坡上的楼阁式建筑的琉璃瓦的协调性，以及和基地周边白墙灰瓦的古宅、最近新建的高层的民居共同形成的某种色彩对比，共同融入这片跨越时空的、新与旧叠合的、复杂的历史场域。在这样的环境中，御窑博物馆更像一个将时空铆接的枢纽，连接起众多要素，并使得场所的特殊历史价值得以凸显。

进入建筑内部，南北通风朝向的主导体量使得每一个单元都是长条的拱形空间，拱顶的开洞和人工照明共同营造出了亦真亦幻的天空的意象。整个室内塑造了一种类似洞窟的空间，或者是瓷器烧制的砖窑内部。正是在这样的空间里，明清时代的瓷器珍品被保存和展示着，且地下层为展览提供了稳定、可控的室内照明。室内让人联想起路易·康在埃克塞特图书馆中用红砖、混凝土、木材和玻璃所共同塑造的澄净幽深的空间。幽深沉静的空间时不时被拱券上的洞口所打断，来自连接处的自然光暗示了展示流线的走向。室内为数不多的几个上下贯通的空间提供了使地上层和地下层展品一览无余的通高空间，也强化了展厅重重叠叠的旷奥深度感。室内空间节奏处于建筑师良好的控制之下：通过穿过系列拱券的单个展厅而建立起的高潮与停顿，夹杂着几个嵌入地下的内院，为地下层展览空间创造了室外院落的中国文化意象景观，在那里，考古发掘的御窑遗址片段被保存下来，为观者建立了一种室内的古瓷器物展品与所发掘的历史空间之间的视觉联系，使得新建的博物馆建筑和真实的御窑遗址片段之间发展出一种深层次的对话。

与此同时，御窑博物馆作为"自然建筑"的另一个特点，体现在生态性能和与环境的有机融合上。其与自然的关系不仅仅体现在视觉和文化意象上，更体现在室内外空气的流动和自由交换之中，在环境性能的角度塑造了融于自然、融于历史环境的建筑典范。作为"自然建筑"的哲学与实践策略的倡导者，朱锫的匠心在这座建筑的空间组织中彰显无遗：整个御窑博物馆被设计为一个多孔的、海绵状的建筑，一个个南北向的拱形空间和室外庭院交替出现，建筑室内外的多次穿越使得建筑和自然更加亲近，建筑长向布置的拱券呈现一种开放通透的风的隧道，结合栽种竹林的下沉庭院烟囱式的拔风效果，为景德镇炎热的夏季提供了一种凉风习习、无需空调的环境效能。这种来自中国传统营造的设计结合自然的方法无需过高投入的技术设施解决环境性能问题和提升舒适度，体现为御窑博物馆的一种设计智慧，为当代建筑结合生态和节能的诉求创造了一个卓越的范例。

御窑博物馆的全面开放必将成为景德镇城市发展历史的重要节点。它既是一座展览的容器，也是一件最重要的展品，和它展出的发掘出来的考古瓷器珍品一样成为文化和设计专业人士和爱好者的参观目的地。这座建筑不仅迅速登上《建筑生活》（*Arquitectura Viva*）、《建筑实录》（*Architectural Record*）和《建筑中国》（*Architecture China*）等重要国际和国内建筑杂志的封面，也成为我担任策展顾问的纽约现代艺术博物馆（MoMA）当代中国建筑展的主打作品，书写着中国建筑文化当代传承的历史篇章。朱锫在这座建筑中塑造的连接传统和当代建筑语言的文化形式，不仅为景德镇这座城市，也为全球当代建筑历史贡献了一座重要的里程碑。

李翔宁

同济大学建筑与城市规划学院院长、教授。中国著名建筑理论家、评论家和策展人，哈佛大学客座教授。中国建筑评论委员秘书长，国际建筑评论家委员会委员，《建筑中国》（*Architecture China*）主编，曾任威尼斯双年展中国国家馆策展人和 MoMA 中国建筑展策展顾问。

wind flow

hot air

sun

summer

E

S

wind flow

W

Studies of solar and wind at Jean when

wind tunnels → vaults, horizontal

Chimney effect → virtual courtyard

设计

场地

御窑博物馆位于景德镇历史街区的中心，毗邻明清御窑遗址，位于昌江的东侧。地段周边环绕着不同年代的建筑，从明、清、民国时代的老民居及私家民窑，到 1949 年后建造的厂房，再到 20 世纪 90 年代末的商品住宅，丰富、多元的城市肌理，塑造了极其独特、厚重的历史及人文环境。

今天的御窑厂遗址是一片开阔的场地，地上的建筑早已不复存在，在高密度的老城中心显得格外不同寻常，它暗示着这里曾经的辉煌，也激发了人们对地下遗址无限的想象。御窑博物馆是一个主题博物馆，它的主要展示内容就是从御窑遗址地下挖掘出来的极为珍贵的瓷器。

最初的建筑构思是沿着根源性和当代性这两条线索展开的。所谓根源性，是指一个地域特定的自然、地理、气候条件，以及由此而孕育出的特定的生存方式和文化。当代性是试图颠覆现有博物馆的传统观念，创造一种崭新的博物馆经验。一方面，它是针对所谓"中国性"和"国际性"的重新思考；另一方面，也是有关"自然建筑"[1]理念的一次实验。

御窑博物馆的地域性实践融入了对场地的阅读，这种复杂的分析涉及城市学、考古学、人类学、气候学等相关知识领域。

景德镇"因窑而生，因瓷而盛"，人们远道而来，依山而建、择水而居，终生的劳作就是建窑做瓷。

1."自然建筑"是朱锫的设计哲学，是以中国传统自然哲学理念为基础，探究传统与当代之间关系的当代建筑理论。

柴窑、作坊、居住三位一体构成了城市的基本单元，城市的雏形和结构也由此诞生。一条条狭窄的里弄沿东西向布置，它们连接着上千个私家民窑，径直通向昌江。在炎热的夏季，狭窄的里弄中出檐的民居，提供了足以遮阳避雨的环境，工匠们推着独轮车穿梭于柴窑与昌江之间，运走烧成的瓷器，运回瓷泥和木柴。几条城市的主街平行于昌江沿南北布置，将市场连在一起，构成了热闹的集市。当地的住宅有着徽州民居的形制——垂直院落、四水归堂、长长的出檐，在夏季，不仅能提供足够的阴凉，也会产生烟囱效应，形成良好的自然通风效果。这样的城市结构、建筑类型，不仅反映了当地人的生活、生存方式，更反映了他们应对湿热气候的生存智慧。

场地位置（对页图）与场地鸟瞰

传统里弄（上图）与垂直庭院（右图）

传统里弄

柴窑作坊

柴窑

柴窑作坊

柴窑作坊

观念

御窑博物馆建筑的结构形式受到了当地传统柴窑的启发，与古罗马拱券截然不同，传统柴窑不是简单的几何形，而是复杂的双曲面，具有强烈的东方拱券的特征。在传统柴窑的建造过程中，工匠们不用脚手架，而是利用砖的收分错位完成砌筑，其中借助了重力的作用。如果你仔细观察、研究双曲面拱券的建造过程（挛窑），你会惊奇地发现，工匠们巧妙地将近似蛋壳状的、极为复杂的双曲面的拱券体量沿长轴方向进行了无数次横向切割，并确保切割的厚度恰恰是窑砖的厚度，从而将复杂的双曲面转化成无数个单曲面。他们借助手指来控制每一个单曲面的收分错位，从而完成整个双曲面的建造。这些看起来十分古老的方法，却与我们借助电脑生成双曲面体量的方法如出一辙。

柴窑不仅是景德镇城市的起源，更是景德镇人赖以生存的生活与交往空间。它"保存着与这座城市的生命不可切割的记忆温度——旧时孩童在冬天上学途中，会从路过的柴窑上捡一块滚热的压窑砖塞进书包抱在怀中，凭借这块砖带给他的温暖，挨过半日寒冬"。冬季，学校常常会移至温暖的柴窑旁；夏季，歇窑期间，柴窑所散发的湿冷空气更是孩童玩耍、年轻人交往、老人纳凉的好去处。这些断壁残垣的老窑遗址，这些永不磨灭的记忆，是御窑博物馆自然而然的灵感源泉。柴窑所展现的独特的东方拱券原型、窑砖所承载的关于时间与温度的记忆，塑造出窑、瓷、人的血缘同构关系。柴窑早已成为景德镇文化记忆和城市生命的重要组成部分，因此，它也顺理成章地成为御窑博物馆的结构原型。

复建传统柴窑

复建传统柴窑

复建传统柴窑

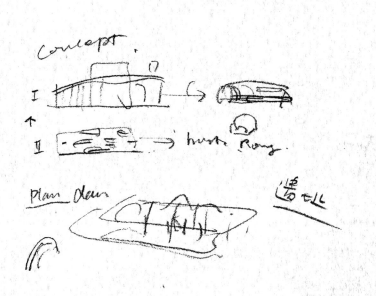

* 收藏于纽约现代艺术博物馆（MoMA）

朱锫手绘
纸上石墨
30.5 cm×24.6 cm

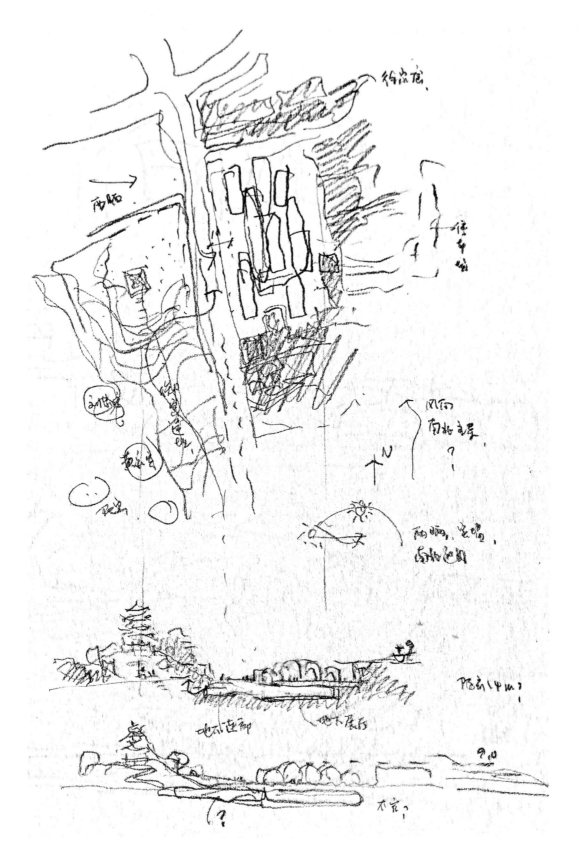

朱锫手绘（局部）
纸上石墨
30.5 cm×24.6 cm

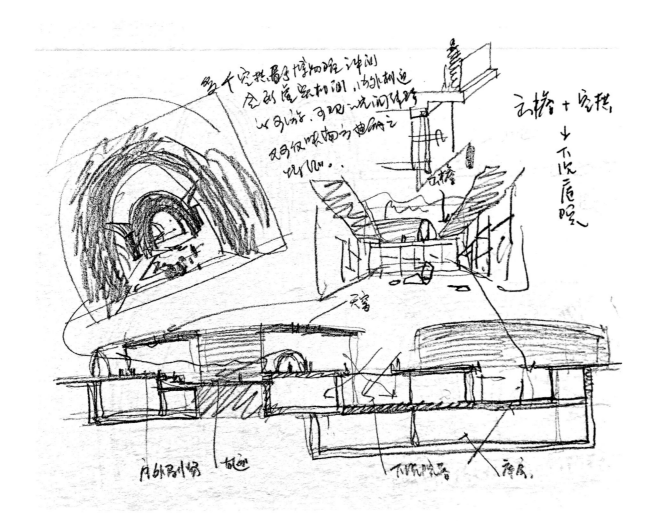

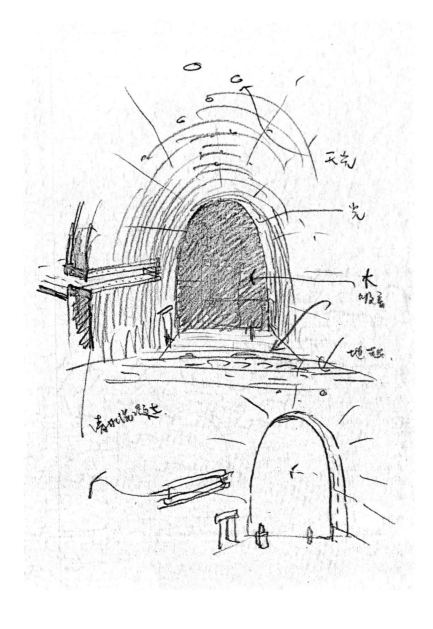

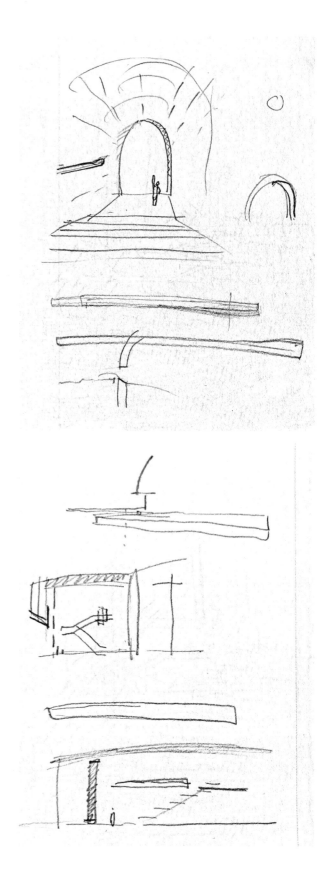

朱锫手绘
纸上石墨
21.6 cm×15.9 cm

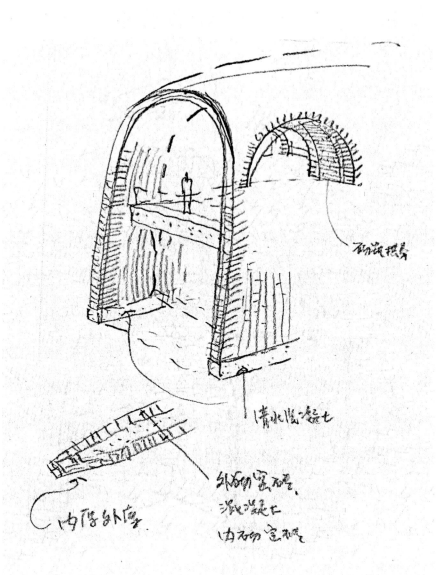

砌筑拱身

清水混凝土

内衬外庵

外砌空砖
混凝土
内砌空砖

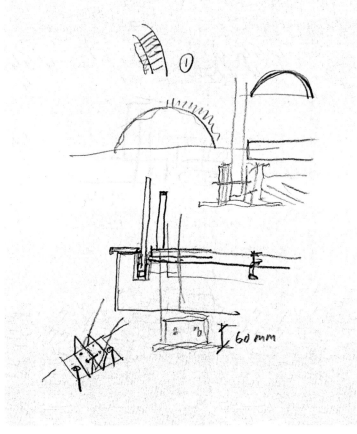

①

60 mm

创意

御窑博物馆由十余个大小不一、体量各异的线状砖拱券结构组成，沿南北长轴布置，它们若即若离，有实有虚，以谦逊的态度和恰当的尺度融入复杂的地段之中。一方面，拱券结构的尺度不仅接近于周边的传统柴窑，也在大尺度厂房、住宅楼和传统民居之间做了良好的过渡。另一方面，长短不一、伸缩自由的拱券结构和周边参差不齐的地段边界巧妙地形成了有机的缝合。这种化整为零的策略，特别是在应对复杂、多变、不可预测的历史街区环境时，会越发凸显出其前瞻性。开工不久，地段内就意外地发现了新的遗址，一方面，遗址融入建筑可以让博物馆更具有考古现场的特点；另一方面，这也证明了小尺度、化整为零的场地策略在处理复杂的历史街区环境时的灵活性。我们通过调整拱券结构彼此之间的关系，将新发现的遗址巧妙地编织到博物馆的空间之中。

夏季炎热多雨是景德镇显著的气候条件。如何创造一个多孔的"海绵建筑"，最大限度地确保自然通风与遮阳避雨，并实现建筑在夏季无需空调的空间条件，是该建筑最重要的考量之一。整组建筑每个拱券长轴的两端都是通透的，特别是这些开放的、半室外的空拱券与相对封闭的拱券彼此交错布置，虚实相间，塑造了博物馆建筑空间近似"海绵建筑"的多孔性的特质。拱券长轴沿南北向布置，实体的拱券不仅可以遮挡西侧的阳光，实现遮阳避雨，而且会使每一个拱券都变成一个风的隧道，让凉风穿过，以捕捉夏季南北的主导风向。与此同时，五个尺度大小不一的下沉垂直院落内大多都种竹，不仅为地下空间营造了充满诗意与自然光线的环境，具有很强的江西意象，而且形成了烟囱效应，就像当地民居中的垂直院落一样，实现了良好的自然通风。即使在炎热的夏日，只要步入博物馆，人们也总会感觉到凉风习习。整组建筑就似一个风、空气和阴影的装置，智慧地与大自然融合、共生。

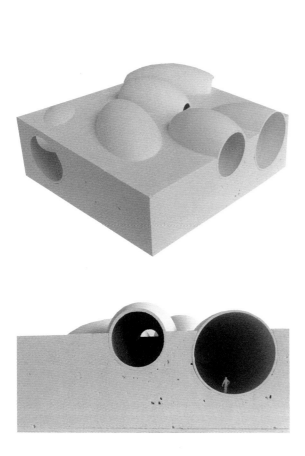

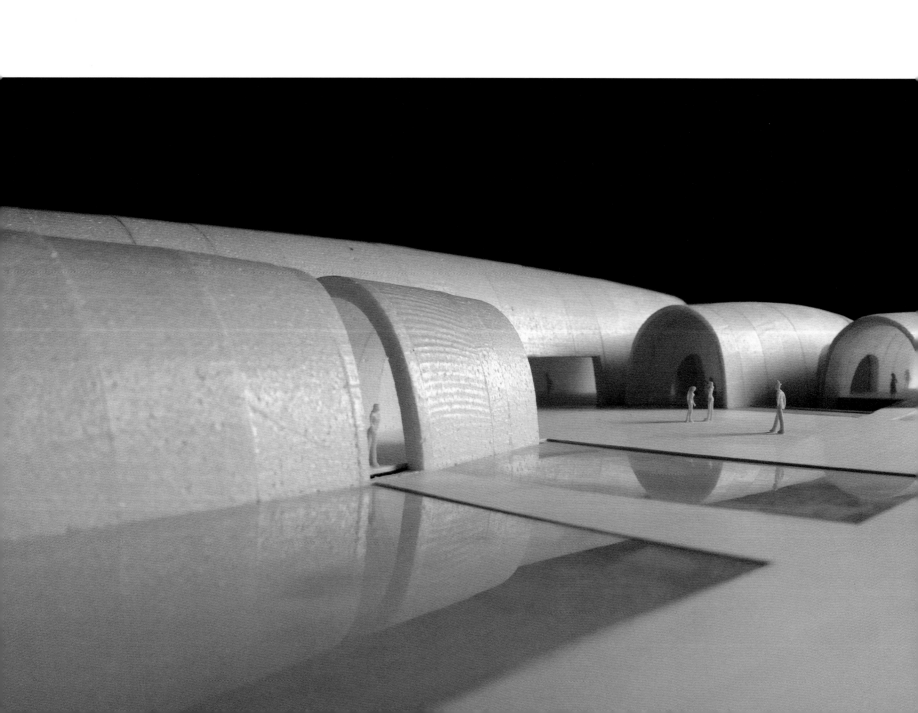

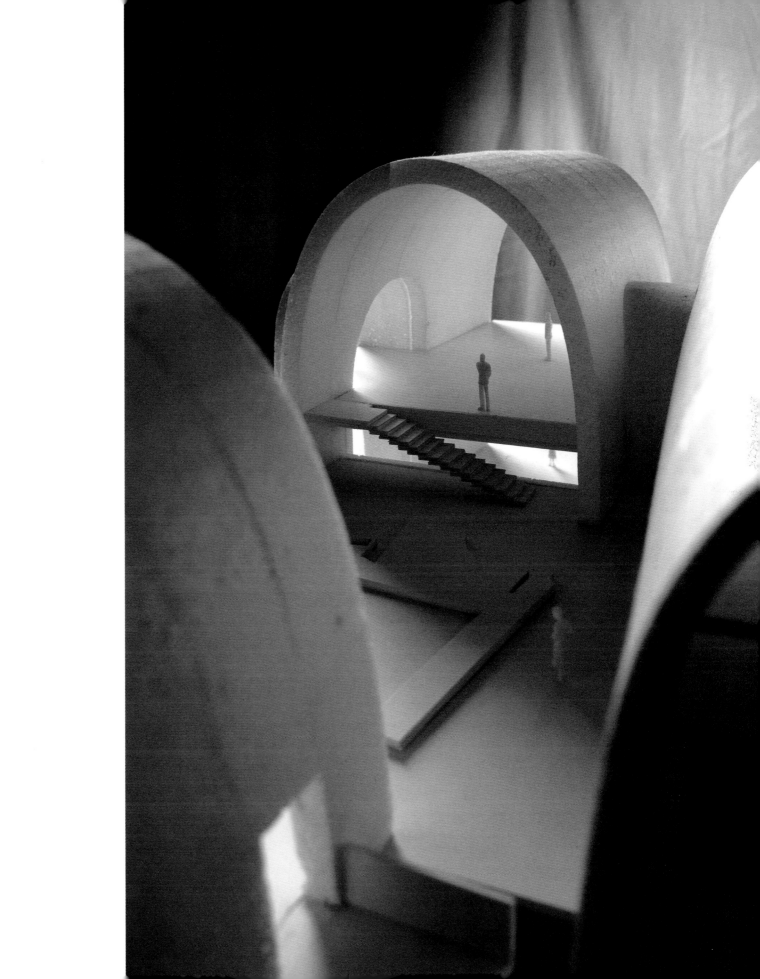

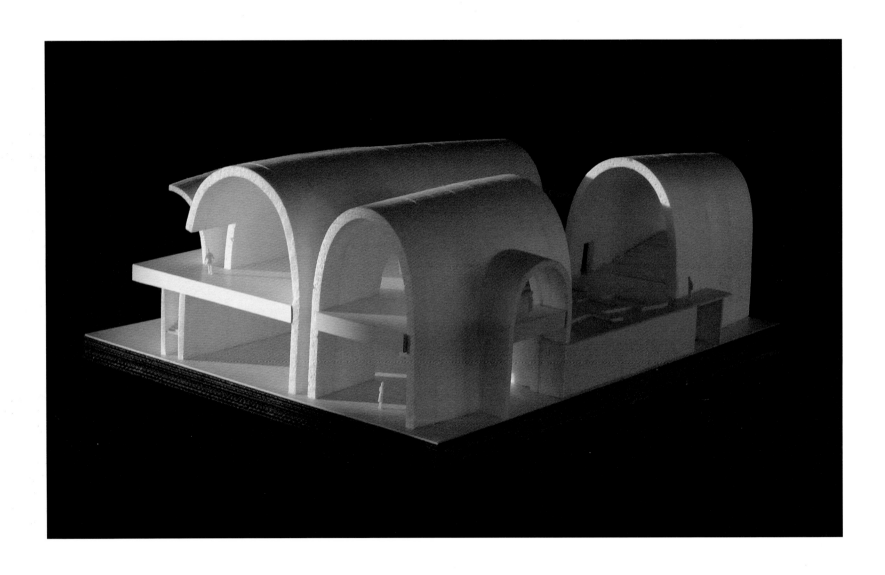

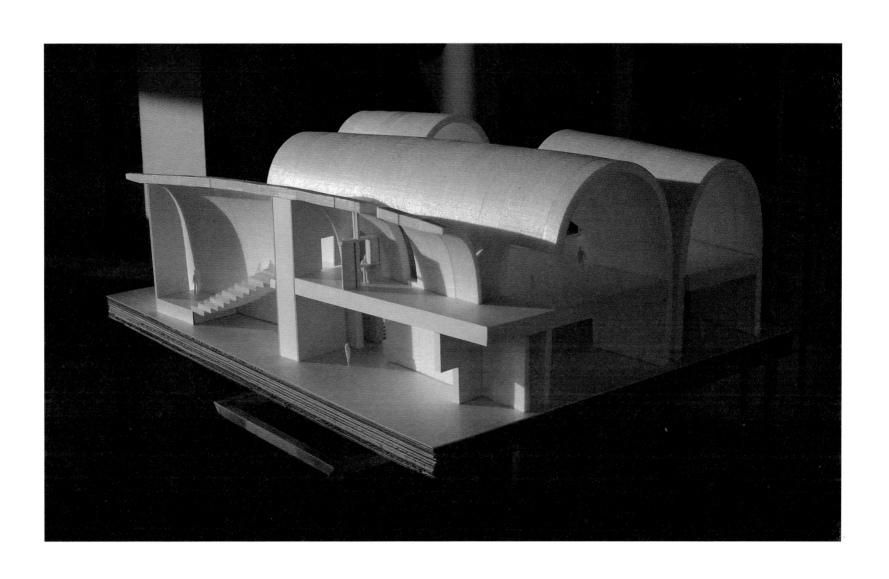

* 收藏于纽约现代艺术博物馆（MoMA）
木
33.7 cm×92.7 cm×85.1 cm

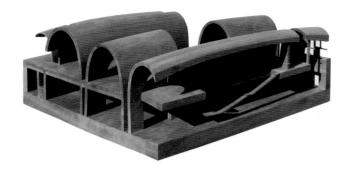

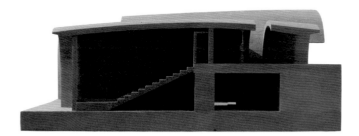

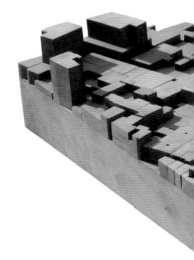

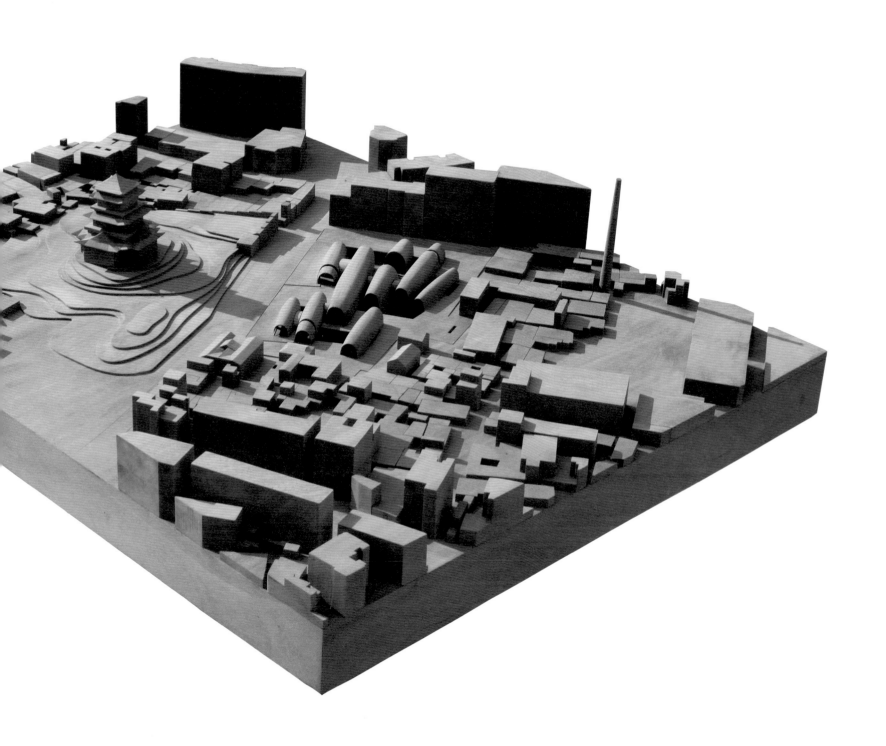

* 收藏于纽约现代艺术博物馆（MoMA）

陶瓷

12.4 cm×64.8 cm×45.7 cm

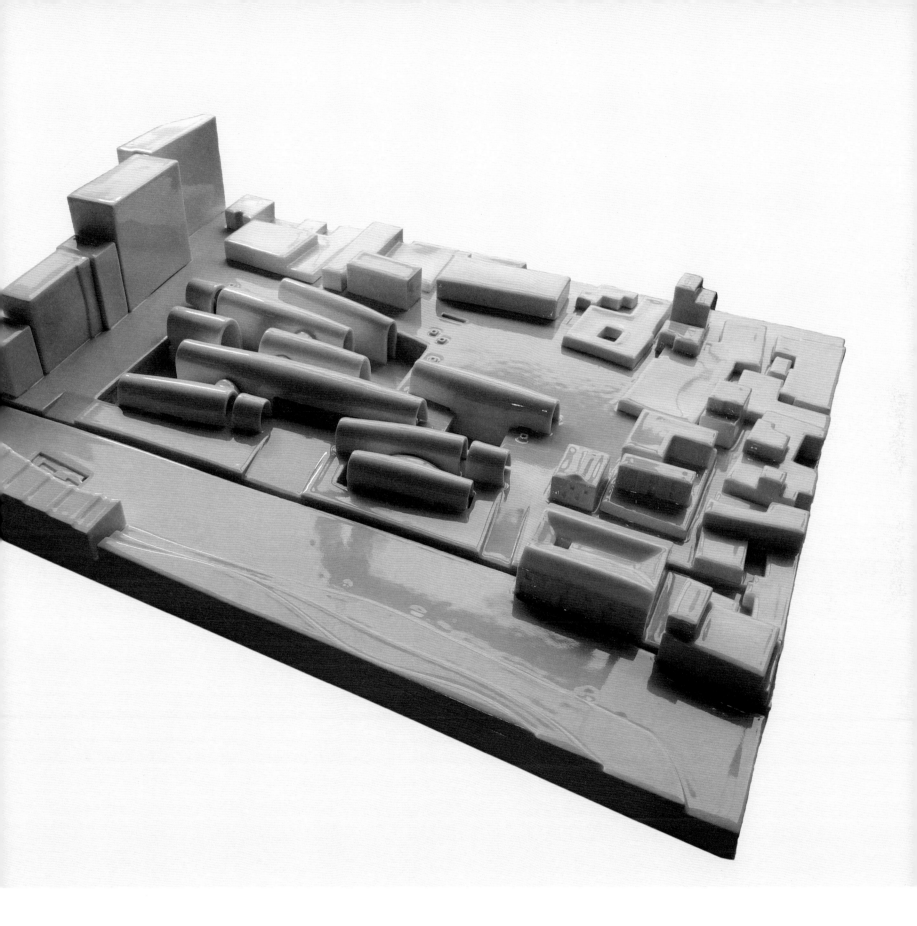

总平面图

1　龙珠阁
2　御窑博物馆
3　20 世纪 90 年代新住宅区
4　20 世纪 50 年代建国瓷厂
5　历史街区
6　刘家窑遗址
7　黄老大窑遗址
8　明代窑业遗址
9　御窑遗址
10　徐家窑遗址

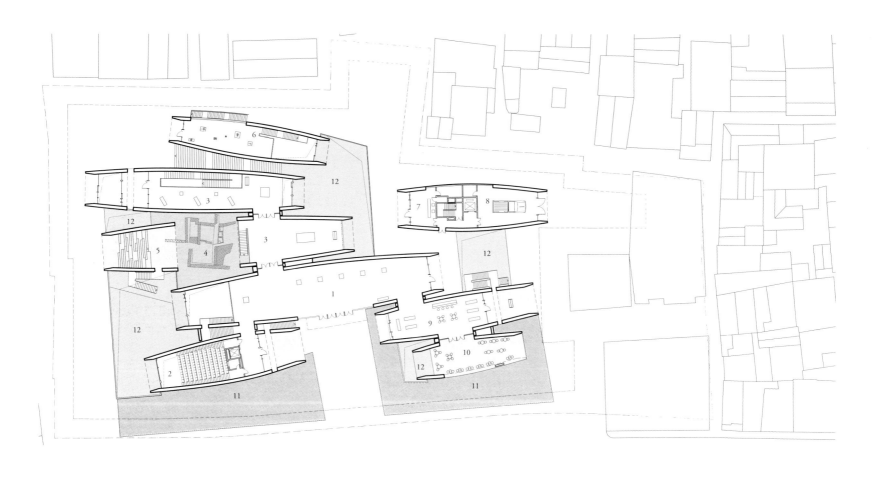

首层平面图

1	门厅 / 序厅	5	户外剧场	9	书店和咖啡厅
2	报告厅	6	交流展厅	10	茶室
3	固定展厅	7	办公门厅	11	水池
4	明代窑业遗址	8	装卸货区	12	下沉庭院

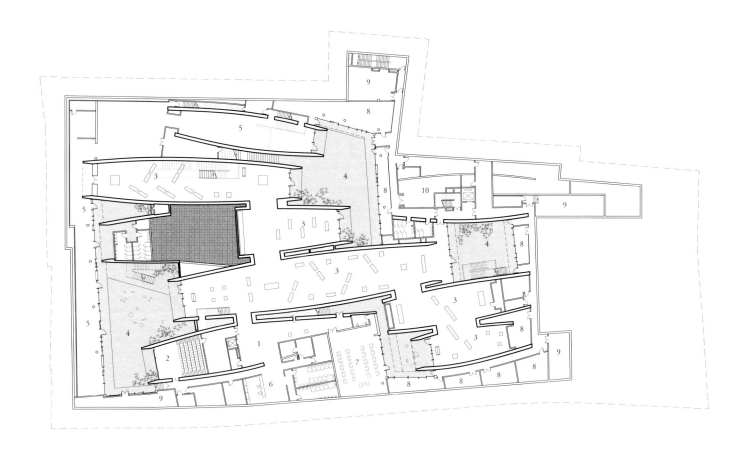

地下一层平面图

1	序厅	5	交流展厅	9	设备用房
2	报告厅	6	存衣室	10	库房
3	固定展厅	7	多功能厅		
4	下沉庭院	8	文物修复室		

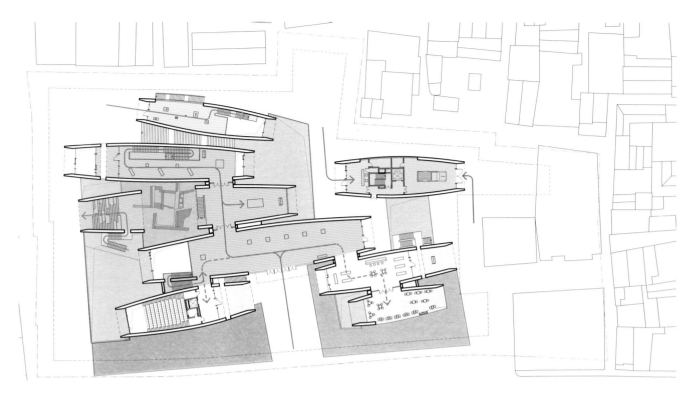

首层平面图：流线分析

固定展览流线

临时展览流线

办公流线

库房流线

固定展览

临时展览

办公

库房

设备

⊙ 0 4   10   20 m

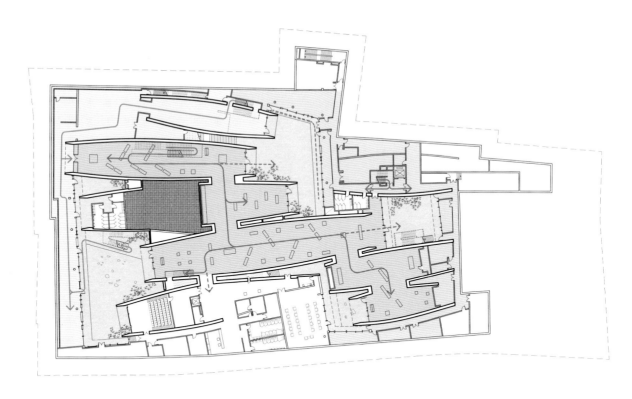

地下一层平面图：流线分析

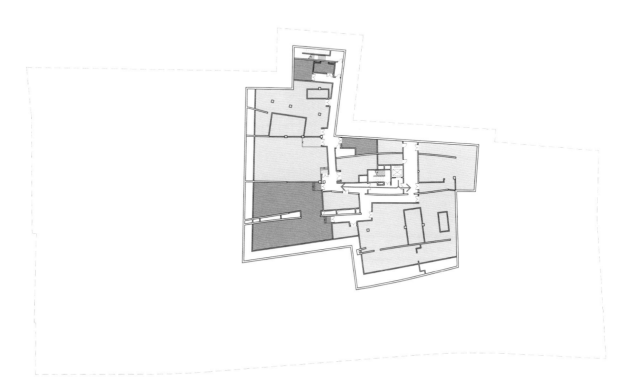

地下二层平面图：流线分析

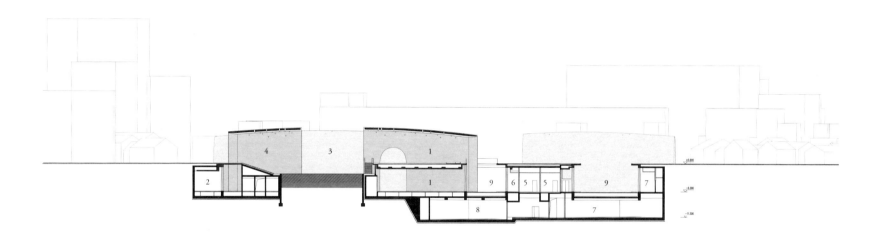

剖面图 1

1　固定展厅　　　5　卫生间　　　　　9　下沉庭院
2　交流展厅　　　6　文物修复室
3　明代窑业遗址　7　库房
4　户外剧场　　　8　空调机房

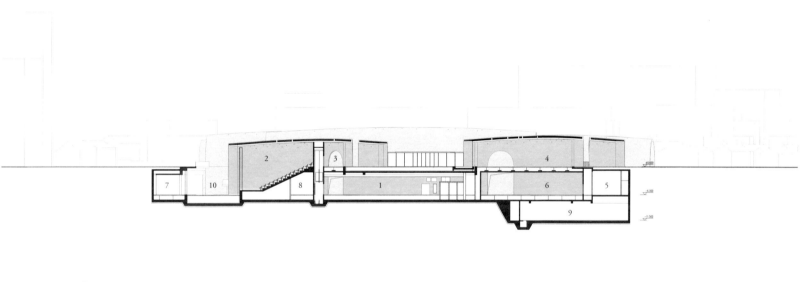

剖面图 2

1	序厅	5	设备用房	9	库房
2	报告厅	6	固定展厅	10	下沉庭院
3	报告厅前厅	7	交流展厅		
4	书店和咖啡厅	8	空调机房		

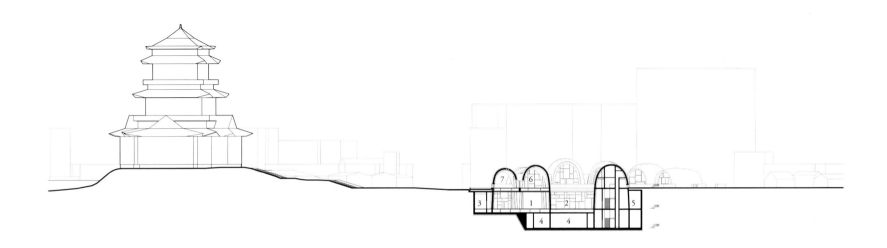

剖面图 3

1	固定展厅	5	设备用房
2	下沉庭院	6	书店和咖啡厅
3	文物修复室	7	茶室
4	库房		

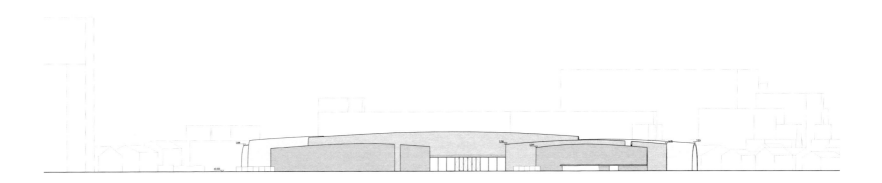

西立面图

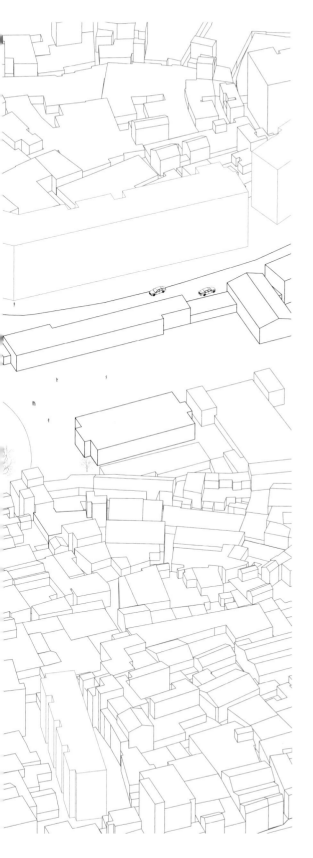

轴测图——博物馆及周边环境鸟瞰图

建构

从建构的角度出发，如何对传统柴窑拱券的结构形式做出诗意化、艺术化的当代转译，是御窑博物馆建筑形式设计的关键。首先，博物馆以传统柴窑为原型，将纯粹的砖拱券结构抽象、简化，转化为简单的双曲面拱券建筑形式。每个拱券的结构断面近似三明治，内外两层砖包裹着中间的钢筋混凝土拱券结构，中间的混凝土拱券为建筑的主体结构，以抵御地震时的侧推力，内外两层结构采用新、老窑砖混合砌筑。这种砖和混凝土共同构成的复合拱券结构体系，近似于古罗马拱券的构造方式，即砖石＋混凝土拱券＋砖石。其次，传统柴窑大多以个体独立存在，并有木结构的窑棚作为遮蔽物加以保护，而御窑博物馆则以纯粹的拱券群体组合的方式出现——十余个主要拱券结构沿南北长轴布置，彼此之间穿插若干个东西向小型拱券结构，共同编织出博物馆的整体结构体系。从剖面上看，拱券结构垂直跨越两层，中间的楼板层采用中空的设备夹层。夹层为 U 形的清水混凝土结构，是拱券结构的横向支撑结构，其顶面采用混凝土波纹钢板，并以花岗岩青石板作为首层地面，而其底面是裸露的清水混凝土，为地下展览空间的顶棚。

在景德镇有一个持续了近千年的传统，那就是对老窑砖的重复利用。在传统柴窑中，通常经过一两年烧瓷后，窑砖会达到一定生命周期，蓄热性能衰减，此时窑砖会从窑炉上被替换下来，但这些带有窑汗的老窑砖与新砖混合后，会再次成为当地民居建造的主要材料。直到今天，人们仍然延续着这样的传统。这种新、老窑砖混合砌筑的传统也被御窑博物馆所继承，甚至博物馆使用的新砖中也混合了大量废旧匣钵被碾碎后的沙粒。

博物馆在材料的使用上，选择了极简主义的方向，以混凝土、砖、木三种材料为主。砖和混凝土用来建造拱券，楼板、横过梁、楼梯均为混凝土，而实木则是玻璃幕墙的主要结构。

重复利用的老窑砖用于民居建造

考古现场

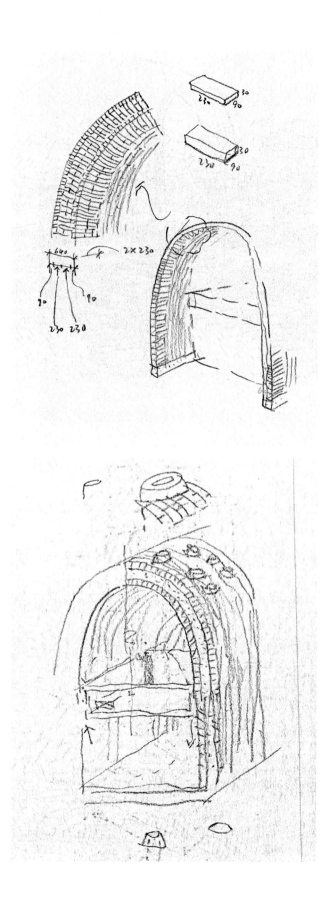

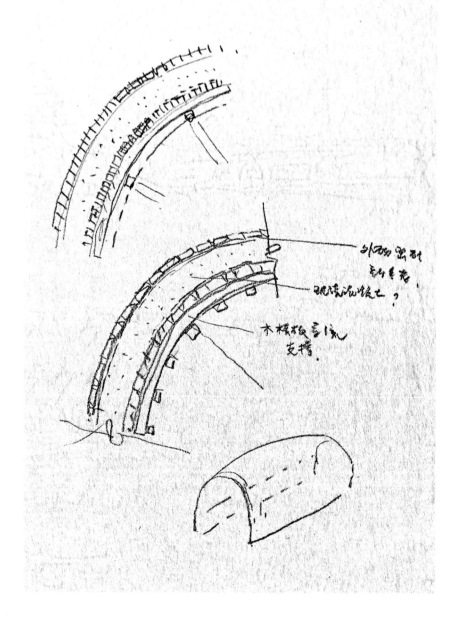

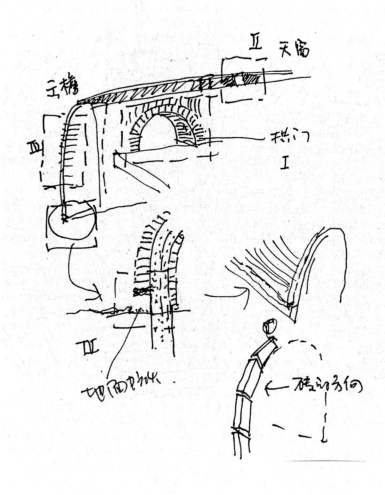

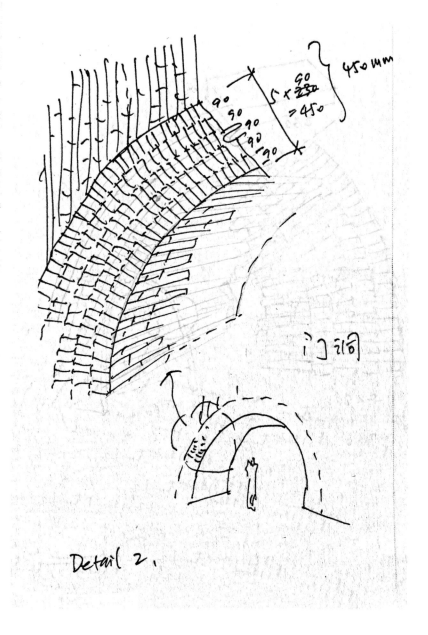

＊ 右图收藏于纽约现代艺术博物馆（MoMA）

朱锫手绘
纸上油墨
21.6 cm×15.9 cm

Detail 2.

详图 A：纵向剖面图（对页图）

1   300 mm 高，清水混凝土过梁
    40 mm 宽，不锈钢门外框
    8 ＋ 1.52PVB ＋ 8 超白钢化夹胶玻璃

2   水面
    50 mm 厚，粒径 50 ～ 70 mm 黑色卵石
    600 mm×600 mm×30 mm 厚，灰色花岗岩
    20 mm 厚，1：3 水泥砂浆结合层
    150 mm 厚，钢筋混凝土水池

3   钢化夹胶玻璃栏板 6 ＋ 1.52PVB ＋ 6

4   90 mm×40 mm C 型铝型材，悬挂式拉杆
    12 mm 厚，防火板
    12 mm 厚，防潮纸面石膏板
    白橡木饰面

5   40 mm 厚，花岗岩铺地
    60 mm 厚，1：3 干硬性水泥砂浆结合层
    钢波纹板及 100 mm 厚混凝土浇筑
    设备夹层
    10 mm 厚，1：2 水泥砂浆保护层
    1.5 mm 厚，水泥基渗透结晶一道
    P6 抗渗钢筋混凝土底板

6   80 mm 厚，花岗岩铺地
    30 mm 厚，1：3 干硬性水泥砂浆结合层
    100 mm 厚，C15 素混凝土垫层
    素土夯实
    200 g/m³ 无纺布过滤层
    凹凸型排水板
    70 mm 厚，C20 细石混凝土保护层
    0.4 mm 厚，聚乙烯塑料薄膜隔离层
    4 mm ＋ 3 mm 厚，聚酯胎 SBS 改性沥青防水卷材
    20 mm 厚，水泥砂浆找平层
    最薄处 40 mm 厚加气碎块混凝土，1% 找坡层
    P6 抗渗混凝土顶板

7   窑砖横向砌筑，规格 230 mm×30 mm×60 mm
    30 mm 厚，1：2 水泥砂浆
    1.5 mm 厚，水泥基渗透结晶一道
    P6 抗渗钢筋混凝土拱券结构，端头收薄
    30 mm 厚，1：2 水泥砂浆
    窑砖横向砌筑，规格 230 mm×30 mm×60 mm

8   新老窑砖砌筑，规格 230 mm×30 mm×60 mm
    30 mm 厚，1：2 水泥砂浆
    1.5 mm 厚，水泥基渗透结晶一道
    P6 抗渗钢筋混凝土拱券结构
    60 mm 厚，干硬性保温岩棉板
    30 mm 厚，1：2 水泥砂浆
    窑砖砌筑，规格 230 mm×30 mm×60 mm

9   40 mm 厚，花岗岩铺地
    60 mm 厚，1：3 干硬性水泥砂浆结合层
    钢波纹板及 100 mm 厚混凝土浇筑
    设备夹层
    10 mm 厚，1：2 水泥砂浆保护层
    1.5 mm 厚，水泥基渗透结晶一道
    钢筋混凝土楼板，底面为清水混凝土

10   实木龙骨
    6 ＋ 1.14PVB ＋ 6 ＋ 12A ＋ 8 夹胶中空钢化玻璃

11   照明灯具

12   直径 200 mm 天窗、不锈钢灯筒

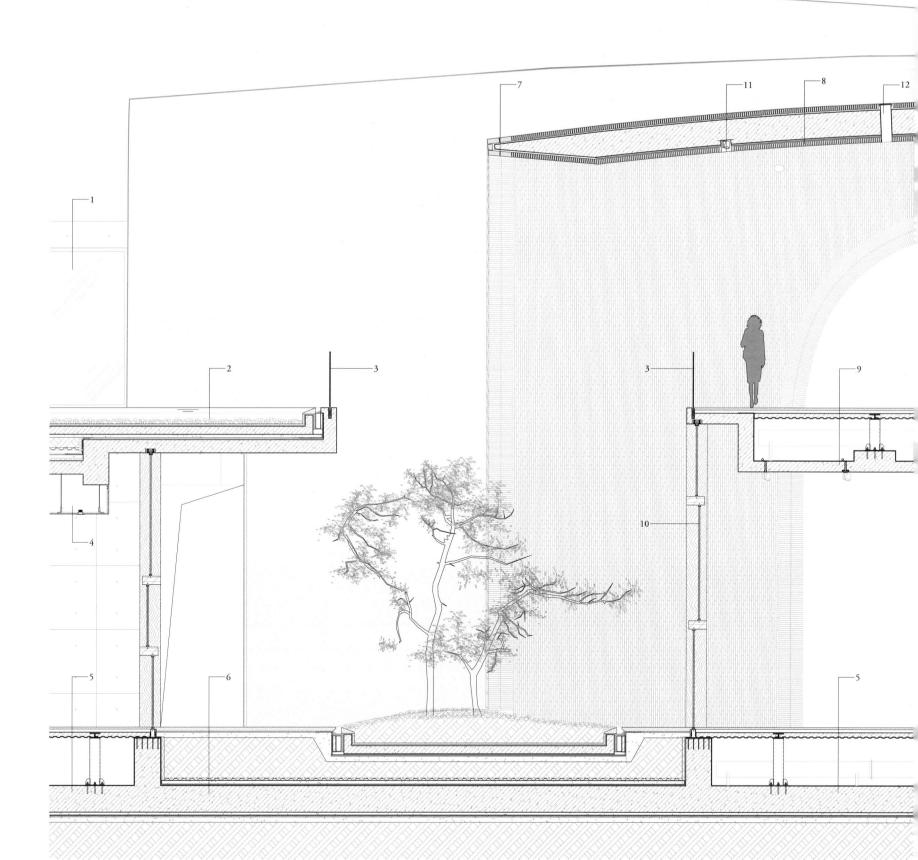

详图 B：纵向剖面图（对页图）

1　窑砖横向砌筑，规格 230 mm×30 mm×60 mm
　　30 mm 厚，1 ：2 水泥砂浆
　　1.5 mm 厚，水泥基渗透结晶一道
　　P6 抗渗钢筋混凝土拱券结构，端头收薄
　　30 mm 厚，1 ：2 水泥砂浆
　　窑砖横向砌筑，规格 230 mm×30 mm×60 mm

2　新老窑砖砌筑，规格 230 mm×30 mm×60 mm
　　30 mm 厚，1 ：2 水泥砂浆
　　1.5 mm 厚，水泥基渗透结晶一道
　　P6 抗渗钢筋混凝土拱券结构
　　60 mm 厚，干硬性保温岩棉板
　　30 mm 厚，1 ：2 水泥砂浆
　　窑砖砌筑，规格 230 mm×30 mm×60 mm

3　8 mm 厚，企口强化复合木地板
　　5 mm 厚，泡沫塑料衬垫
　　15 mm 厚，松木毛底板 45°斜铺
　　20 mm 厚，1 ：2.5 水泥砂浆找平
　　50 mm 厚，LC7.5 轻骨料混凝土
　　钢筋混凝土楼板

4　80 mm 厚，花岗岩铺地
　　30 mm 厚，1 ：3 干硬性水泥砂浆结合层
　　100 mm 厚，C15 素混凝土垫层
　　素土夯实

5　40 mm 厚，花岗岩铺地
　　60 mm 厚，1 ：3 干硬性水泥砂浆结合层
　　钢波纹板及 100 mm 厚混凝土浇筑
　　设备夹层
　　10 mm 厚，1 ：2 水泥砂浆保护层
　　1.5 mm 厚，水泥基渗透结晶一道
　　P6 抗渗钢筋混凝土底板

6　钢化夹胶玻璃栏板 6 ＋ 1.52PVB ＋ 6

7　实木龙骨
　　6 ＋ 1.14PVB ＋ 6 ＋ 12A ＋ 8 夹胶中空钢化玻璃

8　80 mm 厚，花岗岩铺地
　　30 mm 厚，1 ：3 干硬性水泥砂浆结合层
　　100 mm 厚，C15 素混凝土垫层
　　素土夯实
　　200 g/m³ 无纺布过滤层
　　凹凸型排水板
　　70 mm 厚，C20 细石混凝土保护层
　　0.4 mm 厚，聚乙烯塑料薄膜隔离层
　　4 mm ＋ 3 mm 厚，聚酯胎 SBS 改性沥青防水卷材
　　20 mm 厚，水泥砂浆找平层
　　最薄处 40 mm 厚加气碎块混凝土，1% 找坡层
　　P6 抗渗混凝土顶板

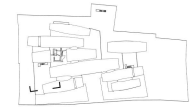

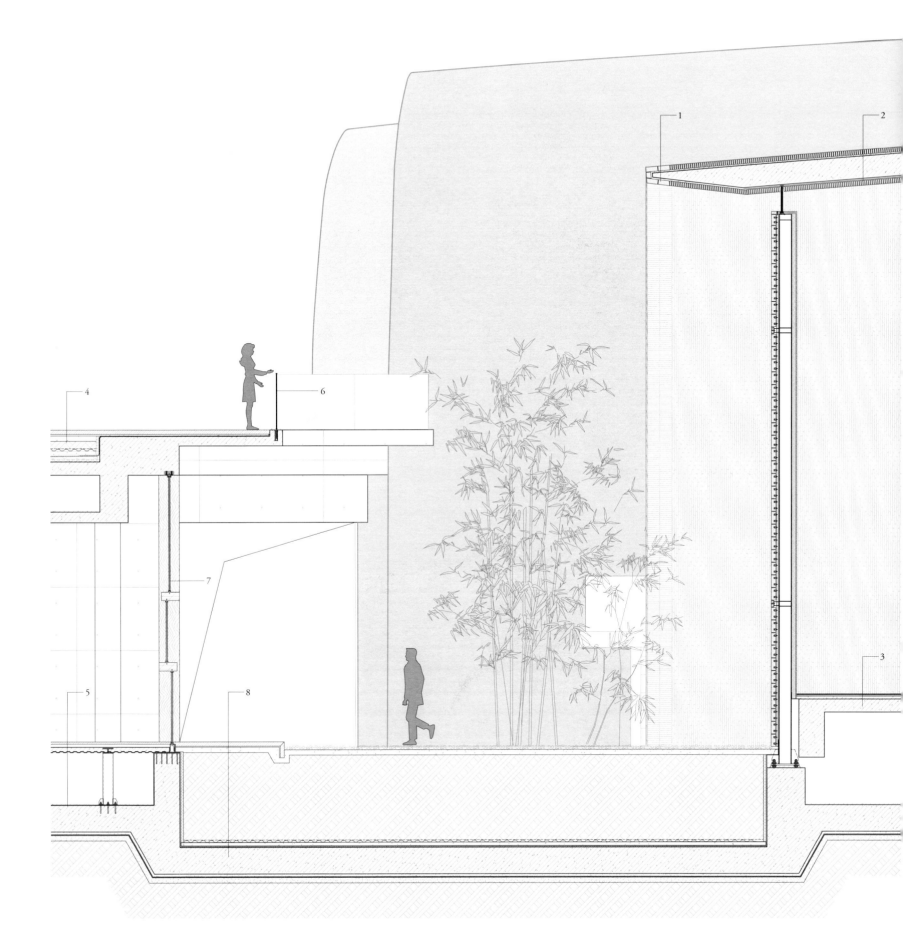

详图 C：纵向剖面图（对页图）

1　300 mm 高，清水混凝土过梁
　　40 mm 厚，不锈钢雨棚
　　40 mm 宽，不锈钢门外框
　　8 ＋ 1.52PVB ＋ 8 超白钢化夹胶玻璃

2　80 mm 厚，花岗岩铺地
　　30 mm 厚，1：3 干硬性水泥砂浆结合层
　　100 mm 厚，C15 素混凝土垫层
　　素土夯实
　　50 mm 厚，C20 细石混凝土
　　聚乙烯薄膜隔离层
　　4 mm ＋ 3 mm 厚，改性沥青防水卷材
　　20 mm 厚，1：2.5 水泥砂浆找平层
　　P6 抗渗钢筋混凝土楼板，底面为清水混凝土

3　200 mm 高，清水混凝土过梁
　　实木制通风百叶

4　顶板喷涂白色防水乳胶漆
　　开模铝合金风口
　　600 mm×300 mm 白色墙砖

5　90 mm×40 mm C 型铝型材，悬挂式拉杆
　　12 mm 厚，防火板
　　12 mm 厚，防潮纸面石膏板
　　白橡木饰面

6　双面清水混凝土墙

7　窑砖横向砌筑，规格 230 mm×30 mm×60 mm
　　30 mm 厚，1：2 水泥砂浆
　　1.5 mm 厚，水泥基渗透结晶一道
　　P6 抗渗钢筋混凝土拱券结构，端头收薄
　　30 mm 厚，1：2 水泥砂浆
　　窑砖横向砌筑，规格 230 mm×30 mm×60 mm

8　水面
　　50 mm 厚，粒径 50 ～ 70 mm 灰色砾石
　　600 mm×600 mm×30 mm 厚，灰色花岗岩
　　20 mm 厚，1：3 水泥砂浆结合层
　　150 mm 厚，钢筋混凝土水池
　　20 mm 厚，1：3 水泥砂浆保护层
　　2 mm 厚，PVC 防水卷材
　　20 mm 厚，1：3 水泥砂浆找平层
　　100 mm 厚，C15 素混凝土垫层
　　素土夯实

9　40 mm 厚，花岗岩铺地
　　60 mm 厚，1：3 干硬性水泥砂浆结合层
　　100 mm 厚，C15 素混凝土垫层
　　素土夯实
　　P6 抗渗钢筋混凝土底板

10　实木龙骨
　　6 ＋ 1.14PVB ＋ 6 ＋ 12A ＋ 8 夹胶中空钢化玻璃

11　设备管道井
　　5 mm 厚，1：2 水泥砂浆保护层
　　1.5 mm 厚，水泥基渗透结晶一道
　　10 mm 厚，1：2 水泥砂浆找平层
　　240 mm 厚，窑砖砌筑清水砖墙

12　钢筋混凝土墙，内表面为清水混凝土
　　1.5 mm 厚，水泥基渗透结晶一道
　　10 mm 厚，1：2 水泥砂浆保护层

13　新老窑砖砌筑，规格 230 mm×30 mm×60 mm
　　30 mm 厚，1：2 水泥砂浆
　　1.5 mm 厚，水泥基渗透结晶一道
　　P6 抗渗钢筋混凝土拱券结构
　　60 mm 厚，干硬性保温岩棉板
　　30 mm 厚，1：2 水泥砂浆
　　窑砖砌筑，规格 230 mm×30 mm×60 mm

14　40 mm 厚，花岗岩铺地
　　60 mm 厚，1：3 干硬性水泥砂浆结合层
　　钢波纹板及 100 mm 厚混凝土浇筑
　　设备夹层
　　10 mm 厚，1：2 水泥砂浆保护层
　　1.5 mm 厚，水泥基渗透结晶一道
　　钢筋混凝土楼板，底面为清水混凝土

15　40 mm 厚，花岗岩铺地
　　60 mm 厚，1：3 干硬性水泥砂浆结合层
　　钢波纹板及 100 mm 厚混凝土浇筑
　　设备夹层
　　10 mm 厚，1：2 水泥砂浆保护层
　　1.5 mm 厚，水泥基渗透结晶一道
　　P6 抗渗钢筋混凝土底板

16　照明灯具

17　直径 200 mm 天窗、不锈钢灯筒

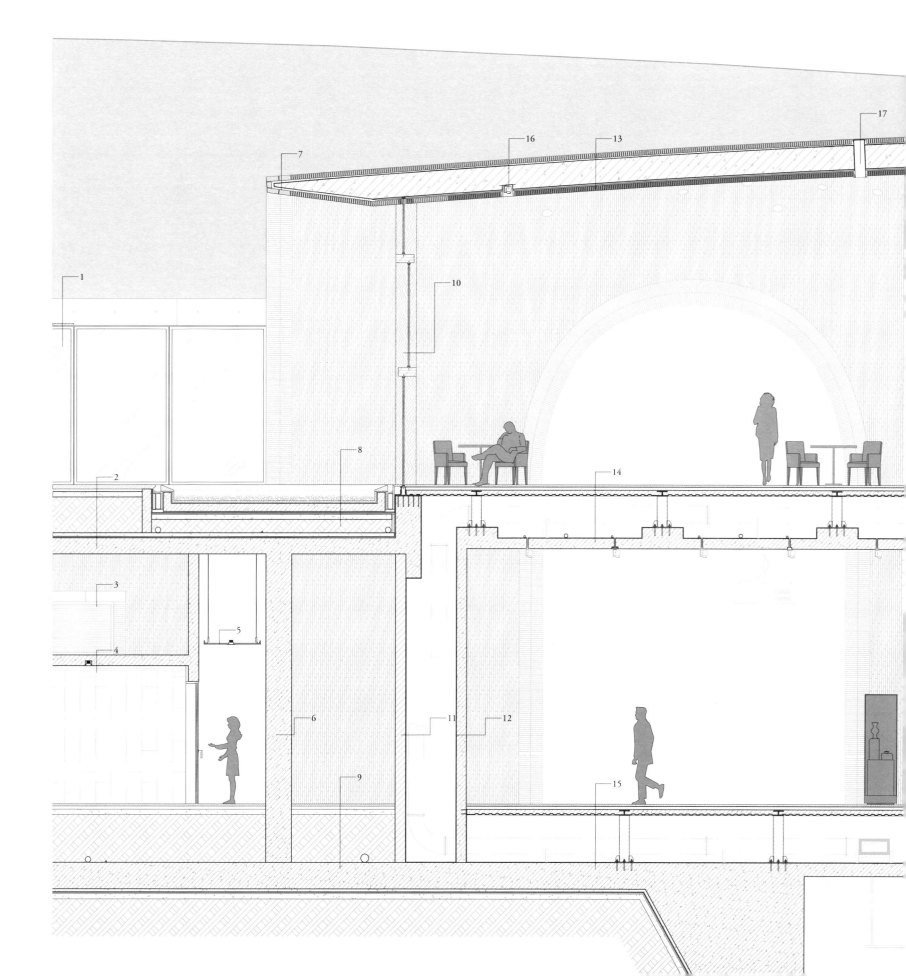

建造

博物馆的展馆部分主要分布在地上层和地下一层，门厅位于地上层。这样的布置使建筑可以拥有与城市中现存的建筑接近的尺度，这不仅仅会让人们在走向它时感到体量的亲切感，更重要的是人们进入它的空间经验与过去工匠进入柴窑劳作烧瓷的空间经验十分类似。

当人们漫步于御窑厂考古遗址公园，穿过散落其间的竹林，行走在沙沙作响的碎石地面上时，会远远地看到一群长长的、平缓、低矮的砖拱券，半卧在丘陵旁，三面被古老的民居、工厂、住宅楼所环抱。在御窑厂遗址和博物馆之间，长长的水池亲切地引导着人们行走的方向，水池中扁平的湖石成组成群地潜在水下，好似鱼群在水中游走，时而背部露出水面。伴随着水池的溢水声、风吹过竹林的沙沙声和竹林中鸟儿清脆的叫声，人们仿佛置身于熟悉的竹林、溪流、丘陵之中——这是景德镇周边典型的自然景象。

缓步走在桥上，跨越平静的水面，就进入了长长的拱券形门厅，它的形状近似梭形的隧道，中间宽阔且高耸，两侧逐渐收紧，两侧尽端均为实木框架的玻璃门窗。按照传统柴窑的砌筑方式，拱券内的砖采用竖向排列以实现双曲面体的塑造，拱券的顶部被凿出许多自由排布的小尺度的圆形天窗，就像传统柴窑的投柴孔、观察孔。

从门厅向右，穿过书店、咖啡厅，最终来到半户外的拱券结构下的茶室，阳光下水体的波纹映射在粗糙的砖拱券表面，低矮、水平的横缝诱使人们好奇地席地而坐，御窑厂遗址长长的水平地表便映入眼帘，让人们与惊喜不期而遇。这与人们进入门厅之前走向报告厅空拱时，透过垂直切割的竖缝看到御窑厂遗址中龙珠阁的经历如此不同，但感受到的惊喜又如此相似。

从门厅向左行，尽端是两层高的展览空间，人们可以俯瞰地下展厅，透过木、玻璃墙体又可看到伴有竹林的下沉院落，以及环绕着它的、透明玻璃墙体后边的瓷器考古修复室和远处的城市居住建筑。尽端左侧，可以穿越拱洞来到由砖拱券和清水混凝土墙体围合而成的报告厅的前厅；尽端右侧，巨大的拱券以及被切割出来的窄窄的自然光缝吸引着人们穿越拱券来到半户外的拱券空间。低于地平面两米的明代遗址被南北两个空的拱券夹在中间，北侧的拱券下是户外剧场，南侧的拱券下是半户外的展厅，人们可以在此俯瞰遗址和远处的下沉院落与城市景观，也可逐级而下，走近遗址，在户外剧场的台阶上休息。之后，人们可以再进入另一个尺度较小的拱券室内展厅，并通过其尽端一段十分平缓的清水混凝土楼梯，走到地下空间。五个尺度大小不一、形态各异的下沉竹林小院沿主流线散落在各个展厅的尽端，不仅为地下空间带来了适度的自然光线和自然通风，更重要的是，人们在行走的过程中，始终可以步入下沉院落，小憩、驻足、停留，甚至观赏博物馆工作人员修复考古瓷器的过程。最终，人们沿着两个拱券缝隙中的楼梯，抚摸着带着窑汗的老窑砖砌筑的拱券，在自然光线的引导下，回到原点，左侧是门厅，右侧是报告厅。

报告厅是在一个独立的拱券下，有着高耸的穹顶和相对较陡的观众席，尽端是演讲台。矶崎新到访御窑博物馆时称此处是教堂似的"精神空间"。它颠覆了报告厅所应遵循的戒律——黑空间，与外界隔绝。报告厅沿西侧拱券切出一条窄窄的横缝，与水面齐平，借助水面的倒影和微微凸起的湖石，捕捉着西侧御窑厂遗址的景象。而北侧拱券尽端的墙体上，切出了一条窄窄的竖缝，沿穹顶弯曲，捕捉着天空、城市、下沉院落的景象。置身于报告厅内部，人们随时可以感受到外界大自然的变化。

固定展厅的参观流线借助于一个密闭的、水平上下的环路完成，交流展厅可以任意并入环路，融入整体展厅的参观流线，也可独立存在，因为它有自己独立的出入口。博物馆的另外一个特点是将考古瓷器修复过程融入展览，使其成为展览重要的组成部分。办公入口位于整体建筑群东南部的一个相对独立的拱券的北端，安静、隐蔽。货车可以从该拱券的南端倒驶入拱券内，在封闭的空间中安全地装、卸货。

概括说来，人们在御窑博物馆内，会穿越一系列建筑与自然之间形成的灰空间，一系列尺度大小不同、时而室内时而室外的拱券结构空间，以及五个大小不一的下沉院落，它们相互作用，共同塑造了虚实相涵、内外相生、彼此缠绕、多孔的海绵建筑。人们置身其间，会被既熟悉又陌生的空间体验所驱使，会被一个个不期而遇的惊喜所震撼，会被自然光线的变化所引导，从而生发出游走、探索的欲望，从一个空间走向另一个空间，开启窑、瓷、人同源的博物馆经验之旅。

御窑博物馆的构思源于对景德镇特定的地域文化和当地人生存智慧的感悟。它颠覆了我们对博物馆的传统认知，建构了一个多孔的、开放的空间体系，与周边的自然和人文环境的交融，创造出一种崭新的、当代的博物馆经验。同时，在面对全球以技术生态理念为主导的建筑实践，御窑博物馆以其自身智慧、自然的生态理念，成就了一次关于"自然建筑"的深刻实验。

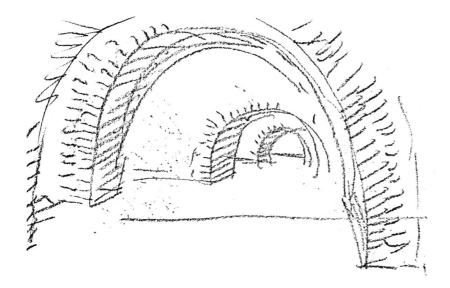

开幕展

2020 年 9 月 19 日—10 月 10 日
景德镇御窑博物馆

蜕变——中央美院当代四大家作品联展暨景德镇御窑博物馆开幕展

范迪安

中央美术学院院长

中国美术家协会主席

庚子盛秋之际，由朱锫设计的景德镇御窑博物馆落成开馆，这为"千年瓷都"景德镇增添了崭新的文化地标，也为世界当代建筑景观增添了颇具中国文化特色和充满当代创造智慧的杰出作品。

作为当代著名建筑师，朱锫深研传统文脉，致力精神建构，在这座博物馆的设计中，以御窑场所为基点，取古窑拱券为意象，使博物馆功能与文化空间感受别出心裁，浑然天成。漫行其外，远观其形，如仰望陶瓷文化丰碑；徜徉其中，近察其质，如触击匠人匠心印迹，令人在历史时空的深处叹为观止。

沐浴千年窑火，升腾时代光华。此次开幕展以"蜕变"为主题，举办具有广泛国际影响力的中央美院当代艺术四大家——徐冰、隋建国、刘小东、朱锫作品联展，浓缩体现了中国当代艺术进入新世纪以来思想观念和艺术方法论的嬗变与更新。这四位艺术家浸染于学府深厚的传统，但勇于跳出窠臼，穿越边界，在大时代巨变的烈焰和全球化进程的高温中经受淬炼，砥砺前行，以自身观念的个性和语言的创新叠印社会的变迁，从而赢得了世界性的荣誉。"蜕变"，在他们的艺术历程中，既直指历史与现实、造物与人文，也提示了艺术创造的传承与升华。

景德镇这座城市的当代发展进程也如同窑火中陶瓷的"蜕变"，通过保护陶瓷工业遗产，营造陶瓷文化与产业生态；通过引进一流艺术，提升城市文化品位。中央美术学院与景德镇的交流合作建立在振兴陶瓷文化、彰显中国文化自信的共同愿景基础上，期待未来的景德镇将从古代丝绸之路的陶瓷出口要津蜕变为今日"一带一路"的艺术都会，汇聚更多的艺术家、建筑师和思想家，为文化的炉窑增添时代的薪火，让"蜕变"的城市闪耀新时代的光彩。

王明贤

中国艺术研究院建筑与艺术史学者

中央美术学院建筑学院客座教授

20 世纪 90 年代以来，"中国实验建筑"思潮崛起，出现了一批受国际建筑界认可的实验建筑，改变了中国当代建筑史的面貌。朱锫的御窑博物馆是中国当代建筑的杰作，是"中国实验建筑"里程碑式的作品。建筑师挖掘景德镇土地的文化根源与气候根源，体现出人、窑、瓷三者之间的血缘关系，并重新定义了博物馆空间和时间的概念。御窑博物馆向中国陶瓷的"千年艺术之都"景德镇致敬，也巧妙地植入现代思考的新观念，向中国的未来城市和建筑艺术致敬。

敏锐的学者或许可以发现，当前国际建筑学领域正在发生文化转向，朱锫研究的"自然建筑"理论正是对这一文化转向的回应。御窑博物馆是"自然建筑"理论的建构实验。朱锫基于东方自然观的当代性的思考，去建构一种智慧的、文化的、生态的"自然建筑"，探讨人和自然、文化的深刻关系，独树一帜，引领潮流，具有极为重要的研究意义和价值。

矶崎新（Arata Isozaki）

建筑家

普利兹克奖得主

让我们借此契机重新思考景德镇的文化。

"陶瓷"的历史与传统、设计与功能、在几何学与技术上的追求、稀有性与生产的合理性、感知泥土和火焰的工房和远道而来的客人们，这一切构成了在漫长岁月中由生活在景德镇的人们用双手打磨出的风土文化，因此，他们生活的这片土地被称为"瓷器之都"。

在这样的条件下，建筑师在项目中面临的问题也随之而来。但是没有什么大不了的，即便是尺度上更大，那也不过是同瓷器一般的"建筑之器"。

作为这座"瓷器之都"的文化象征，御窑博物馆在设计和建造文化空间的过程中，经历了反复的斟酌以体现均衡的意蕴。

无论是什么样的建筑项目，都应该考虑到对经济、城市，以及更宏观层面社会的影响，但是场所中的历史性文脉，仅靠眼睛观察到的街道是无法解读的。对深埋于地下的悠久历史进行重新诠释，并将其与现代都市功能的公共性相连，这样的动机实实在在地形成了这座建筑的构成要素。

不仅如此，若实际到访这座建筑，还可感受到皇家华丽的背景故事，更可感受到厚重的包裹感与清风拂过所营造的空间，以及光与影交织的光影之美。

这是一次具有划时代意义的开幕展，唯有这样的空间才能够逐渐扩大"陶瓷"的边界，而后突破时空，激发当代艺术家的活力和情感。

朱锫创作的作品在今天景德镇的土地上如是作答，它无疑是一个杰作。

在景德镇御窑博物馆开馆之际，请允许我送上由衷的祝福。

雷姆·库哈斯（Rem Koolhaas）

建筑家

普利兹克奖得主

我很高兴能参加朱锫的御窑博物馆的开幕式，虽然我还没有到实地看过这座建筑，但我认真研究过它，也听到过有关它的解说。我认为它是一个具有重大意义且精妙绝伦的建筑。它用感人至深的方式为中国（建筑）带来许多新气象。它构建了一个知性的文脉，不仅与当地既有的文脉巧妙地衔接，还通过全新的、出人意料的方式实现了这种衔接。这种文脉衔接依凭的不只是某一段历史，而是（景德镇和御窑）过往千年中一段又一段层层沉淀的历史。所以，我认为尽管这座博物馆对它所处的环境有着敏锐的洞察力，但它并不墨守成规；相反，它用一种全新的方式将建筑视为一个载体，使其能够在不同的事物和时空中创造连接，建立联系。

斯蒂文·霍尔（Steven Holl）

斯蒂文·霍尔建筑事务所主持建筑师

美国哥伦比亚大学建筑、规划与保护研究生院终身教授

我是斯蒂文·霍尔，在纽约向大家致意。关于朱锫设计的景德镇御窑博物馆，我想做些评论。我常想，现如今卓越的建筑应该是什么样的？我认为它应该包含五个要素：它应该积极地表达我们所处的时代；它应该持续地参与本土性的历史叙事；它应该对自然光线和通风善加利用，并具备优秀的生态学性能；它应该蕴含空间能量；它应该有着诗意的材质表现。而朱锫设计的景德镇御窑博物馆做到了所有的这些，并且做得非常出色，这实属罕见。事实上，我认为御窑博物馆堪称当代建筑杰作。

托马斯·克伦斯（Thomas Krens）

策展人

所罗门·古根海姆基金会荣休主席

在景德镇御窑博物馆开馆之际，我想向博物馆建筑师朱锫表示衷心的祝贺，祝贺如此卓越的建筑作品在如此优美的城市落成。早在 15 年前，我与朱锫就有过一系列文化项目上的合作。到目前为止，我们最重要的一次合作要数北京太庙的综合文化规划蓝图。而我们当下最新的合作项目正是从太庙项目演化而来的，这个最新的合作项目与御窑博物馆视觉上的微妙相似性尤其使我印象深刻。所有伟大建筑师的作品中都藏有他们各自的"签名"，即某种三维书法般的显性形式特征。可以说，景德镇御窑博物馆正是身为当今中国最杰出的艺术家之一的朱锫所最新撰写的一部令人叹为观止的创作自述。我在此向朱锫与景德镇的人民表达我对这座博物馆诚挚的倾慕之情。

徐冰
背后的故事：溪山无尽图，2014 年
综合媒材装置
180 cm×1080 cm

徐冰
英文方块字书法：王羲之《兰亭集序》，2017 年
纸，墨
191 cm×909 cm

隋建国

1 云中花园 - 手迹 2# 手稿，2017 年

　光敏树脂

　39.5 cm×25 cm×20 cm

2 云中花园 - 手迹 2#，2018 年

　光敏树脂，钢架

　1200 cm×600 cm×600 cm

刘小东
东，2005 年
金城小子，2010 年
北极圈的孤儿院，2017 年
数字影像

刘小东
空城记 2，2015 年
布面油画
250 cm×300 cm

（下页）朱锫
御窑博物馆创作过程模型，2016—2020 年
多种材料
尺寸可变

朱铭

窑砖砌筑艺术装置，2020 年

窑砖，布，灯箱

180 cm×1680 cm×120 cm

朱锫
御窑博物馆创作手稿，2020 年
布，灯箱
85 cm×2160 cm×480 cm

石材

内砌砖与石拱砖
接外拱之间

凝聚在大地上的城市象征
——朱锫访谈

方李莉

景德镇御窑博物馆
2020 年 9 月 21 日

引子

2020 年 9 月中下旬，朱锫教授所设计的御窑博物馆竣工后的开幕展"蜕变——中央美院当代四大家作品联展"在景德镇开幕，那段时间我正好带领研究生在景德镇做田野调查，知道这一消息后，我和学生们一起去了现场观看。

由于长期追踪研究景德镇，我知道御窑厂在景德镇的地位，那是景德镇的一个标志性建筑，在这里建造博物馆意味着在为这座城市建造一个文化的象征之物，这是一件非同小可的事，因为景德镇在历史上的声誉以及"景德镇"这一名词的合法性都来自这座当年由皇帝下旨兴建的御窑厂。

景德镇御窑厂是明、清两代王朝的官窑所在地，是为皇家制瓷的神圣之地，为此，其所处的位置是经过精心挑选的。景德镇市中心有一座不太高的山，平地矗起，登临其上，可以俯瞰四周景色，尽览全镇风光。唐代，人们认为此山"地绕五龙"，有五龙抢珠之说，故名珠山。明初时，朝廷看中珠山的地势，在这里设置御器厂（清代改名为御窑厂），珠山遂成为官窑的镇山，有镇压群邪、威震一方的含义。《景德镇陶录》记载："厂跨珠山，周围约三里许。"房舍按照一定的规制兴建，是一组典型的封建官办工厂建筑。

人类是一种具有神性的生物。人类最初建造自己居住的地方时总会留出供奉神明的位置，所以传统建筑往往是神人共居的，传统的欧洲城市的合法性在于其有教堂，而传统的中国城市则以祖先的神灵为中心，许多村落的合法性在于其有供奉祖先的祠堂。景德镇的御窑厂也一样，其合法性不仅在于选址的神圣性，还在于有神同在——在当年的围墙内还建有三座庙：一座是御陶灵庙，另外两座是关帝庙和土地庙。

从人类学的角度来看，人类的行为要形成模式，需要有一套构成这一模式的象征传统，而这一象征传统是由一系列符号组成的，这些符号不仅仅是我们生物存在、心理存在和社会存在的表现、媒介和相关物，还是这种存在的前提条件。也就是说，指导人们个体行为的不仅有一套价值系统，还有一套体现该价值系统的象征符号系统。由此，我们也可以理解为对人们行为的有效激发并不是靠他们身体的动作，而是要遵循某种既定文化，而文化则是通过一系列象征符号来辨析的。地球上所有的生物都受制于各自的自然法则，只有人能自由地把自己的空间建设成想要的形式，而这种自由度受制于人对其所生活的世界的符号表述。人是唯一以符号来认识世界的动物，没有符号，人类几乎难以凭着直觉来认识世界。传统社会中人神共处的建筑就是那个时代的重要象征符号，是时代文化的载体。

但工业革命以后，神不再与人同在的思潮席卷而来，新的城市的建造不再注重描述对天地、宇宙空间及神的认识，而更注重人自身的感受，景德镇也一样。因此，民国时期至今，御窑厂及三座庙被拆除，这里先后成为浮梁县政府和景德镇市政府的所在地。

在工业化时期，人类以各种技术克服了不同地区的自然资源与气候形成的局限性，全世界的建筑便无限相似起来。无数相似的城市开始失去了自己的特殊性与合法性，所谓的合法性就是文化性，没有特点的城市，其文化性是要受到质疑的。

当今时代，文化的多元价值得到越来越多的认同，许多的城市也开始寻找自己新的合法性。如何建构新的合法性？这是值得我们思考的问题。在看了朱锫教授的御窑博物馆后，我突然意识到，一座城市的新的合法性在于对历史的重构和重建，历史的积淀将成为新的建筑文化资源与象征符号，在此基础上，人类正在塑造新的城市景观。

但人类对历史的呈现并非原样的呈现，而是重新理解后的充满着诗意的呈现，也就是说，人类在失去对神性的崇拜之后，又在寻找灵性的存在，这种灵性来自历史在心中的回荡，来自与地方自然环境的连接，也许人类就是由此开始了以灵性代替神性，来寻找一座城市的新的合法性的历程。在朱锫教授设计的这座建筑中，我感受到了古代行走在景德镇街上的陶工们的脚步声，感受到了在景德镇传统里弄中的穿堂风，感受到了景德镇出产制瓷原料的传统村落中的溪水流动声，感受到了当年景德镇作为四时雷电镇的那种热烈的气氛……这些都是来自景德镇这座城市的灵性。

御窑博物馆是景德镇这座城市所寻找的新的合法性、新的文化性，是具有象征意义的建筑，因此它不只是一座建筑，还是一个凝聚在大地上的城市象征符号，其存在是为了向所有来到景德镇的人述说景德镇的历史和景德镇的城市故事，同时也将其蕴含的价值体系投射到该城市的居民身上，构成他们的行为模式的一部分。如果从这个角度来理解，这座建筑就具有了非常深刻的意义。由于手上正在完成一套"景德镇百年变迁"的写作，我很快意识到这是景德镇历史上的一桩大事件，我需要了解这座建筑并描述这座建筑的意义与价值。

为此，我与朱锫教授做了两次交谈，一次是在咖啡厅，一次是在建筑的现场。我带着学生们跟在他身后，参观了建筑的每一个细节。我觉得这两次交谈的内容非常重要，是一位建筑师与一位人类学者的交流。在交流中，我更深刻地理解了朱锫教授设计这一建筑的理念与构思，同时也意识到这座建筑将会成为东方建筑哲学中的一个里程碑，也将成为开启当代建筑中的多元性的一个新型话语空间。在这样的空间中，人类将重建城市的灵性与合法性。

总之，人类正站在一个新纪元的入口处，无论科学技术还是人文观念都将会有一个新的飞跃，在这新的飞跃中，高技术和高人文需要并存。我希望朱锫教授设计的御窑博物馆能成为这样的一个载体，其代表的不仅是今天的景德镇，还将是未来的景德镇，是未来景德镇历史上的一个重要的文化符号。

以下是我和朱锫教授的交谈，希望读者们能从中获益。

自然建筑，智慧建筑

方李莉： 朱教授，很高兴认识您。今天我去看了您设计的景德镇御窑博物馆，非常好！我看到在展览的前言中，您特别强调您的建筑是"自然建筑"，也就是在自然中生长出来的建筑。对于这样的观念，我很感兴趣。我认为，建筑设计要处理的首先就是人与自然的关系，对自然既要防御又要利用，建筑是使人类与自然相通的媒介和桥梁。对此，不知道教授有何见解？

朱锫： 我一直对建筑、人与自然之间的关系很感兴趣。我认为，如果人类善于利用自然，我们的建筑就会充满智慧，例如，我们不会把一个寒冷地带的建筑建到热带雨林地区，所有的建筑都是为了适应自然而建造的。但是进入现代社会以后，我们以一概全，通过技术把同样的建筑建在了世界各地。其潜台词有两个：一个是浪费能源，因为需要用能源促成现代建筑的存在，如寒冷的地方要装暖气，炎热的地方要有空调，否则人在里面没法生活，没法延续生命；另一个就是建筑成了愚钝的，即一种不智慧的行为，这种不智慧就是不能有效利用当地的环境和自然资源，最后不仅浪费了能源，也破坏了自然。我们一方面创造了技术，另一方面又在用技术毁灭自己。因此，我开始回归对中国自然哲学的思考，重新思考建筑与自然的关系、建筑与人的关系。我觉得中国的自然哲学并不传统，反而是很当代的，因为这个世界需要这样的一种适应自然的智慧，而且不是那种用所谓的技术创造的智慧。实际上，大自然跟人类的交流是有智慧的，只要我们能理解自然，我们就会掌握建筑的智慧，这一智慧也就会发生。

方李莉：智慧建筑的概念，我觉得非常好，这样的建筑既适合人居住，又适合当地的气候条件，同时还能有效利用当地的自然资源。正因为它是与特定的环境气候相适应的，所以就像是从当地的土壤中自然生长出来的一样，充满着深受大自然启迪的智慧。但人类有了技术以后，就不再观照建筑与气候的关系、建筑与当地材质的关系，甚至建筑与特定群体的关系等。当这些关系都被丢弃后，人类开始用技术代替所有的一切。于是，现代风格的建筑风靡全世界，不仅切断了建筑与气候条件、自然资源的关系，也切断了建筑与在这样特定的环境气候中生长出来的文化习俗之间的关系。所有的城市建筑越来越趋同。技术创造了许多的"异物"放置在地球上，这些"异物"到最后都将成为不能参与地球再循环的垃圾，从而破坏环境。

也就是说，所有的动植物都是随着地球的节奏共生的，只有人不一样。这就是因为人会创造技术和利用技术，人类用这些新的技术生产了很多的"反自然"和"反地球"的东西，这些东西不是顺应地球，在自然之网中长出来的，不是与自然共节律的，是生长于自然之网以外的物质。这样的物质不是生态的，也是不智慧的。以往，我们认为，科学与技术会为人类建立起一个更有秩序的世界，但熵定律认为，技术不过是能量的转化器，技术的变革增加了产品的输入功，加快了熵的过程，因此，世界的现代化程度越高，熵值就越高，世界混乱的可能性就越大。

所以，我的理解是，好的建筑之所以是智慧的，那是因为它是从自然中生长出来的，与当地的自然环境相符合，也与当地的人文历史相符合，是一种低熵和环保的方式。对吧？

朱锫：是的。我所说的"自然建筑"，它是有智慧的，是节能的，同时还是能突显地方性文化的。因此，概括说来，"自然建筑"是有根源的，一个是气候根源，另一个是文化根源。比如，如果按常规思考方式设计御窑博物馆，入口就会做成高大的玻璃中庭，因为需要气派，展厅一定会做成一个大黑盒子，因为博物馆一般不采用自然光，而采用灯光。而今天的景德镇御窑博物馆完全打破了传统博物馆的概念，是以景德镇传统柴窑为原型建成的一个打破常规的当代建筑。它具有南北通透、有自然风流入、有自然光照射、低矮、谦逊、节约地面空间等特点。

灵魂建筑，景观建筑

方李莉：我早就听说过这座建筑了，在它还没完工时，就有许多人期待它的出现。尽管已经有了许多的期待和想象，但亲自接近它，还是很激动，觉得这座建筑在视觉和感觉上都很令人振奋，甚至有一种似曾相识的感觉，好像它很早就在那里等着我们去发现了，似乎在告诉我们，它原本就属于这里，是从这块土地里长出来的。

将御窑博物馆做成烧瓷的窑胆[1]，敢突破，有新意，而且抓住了这座城市的灵魂。我之所以敢说这样的话，是因为我花了二十多年在景德镇做追踪研究，对这座城市还是有深入了解的。在所有的烧瓷工序中，窑是最重要的，因为无论前期的工作做得多好，只要最后窑里的一把火没有烧好，前期所有的工作就都报废了。所以有人说，农民靠天吃饭，陶民靠火吃饭。所以，陶瓷业有时也被称为窑业。我想请问，您的这一灵感是如何被激发的呢？

朱锫：为了完成这个构思，我不停地在景德镇的传统里弄里行走，就像你们人类学者做田野调研一样，我也需要在实地里观察和思考。为什么景德镇的老建筑是这样的，为什么里弄里夹杂着许多的窑房与作坊？我一直在思考这座城市的工匠与居民的行为，思考昌江与这座城市的关系，还有四周的丘陵与城市的关系。

1. 当地人对柴窑拱体的特有称呼。

在观察和思考中，我发现这座城市里弄的岔道不多，且建造的过程没有规划，但是大家有一种自觉，就是不把路堵死，没有死胡同。它是有秩序的，那就是用最短的距离把货物运到昌江。因为里弄里有许多私家柴窑、作坊，这里的里弄是由柴窑、作坊和民房三位一体构成的，这是景德镇这座城市很重要的特点，它们就像是一个个细胞核，景德镇人在这些细胞核之间填入住宅和商铺，这些建筑构成了这个城市的特殊肌理。在这座城市里，柴窑是很重要的，它是灵魂。景德镇沿江建窑，沿窑成市，是一座又长又窄的南北向带状城市。

方李莉：是的，窑房不仅是景德镇的灵魂，也是景德镇的人文景观。古代景德镇的窑房很密集，烧窑时火焰冲出烟囱两三米，到晚上的时候，火光冲天。而且，古代景德镇制瓷采用作坊式的分工合作制，既有专门做坯的坯房、专门烧瓷的窑房，又有专门做彩绘的红店。坯房做好坯后要有专人挑到窑房去烧，所以，里弄不能太长，也不能有太多的拐弯。挑坯是一个力气活，也是一个技术活，因为如果挑得不稳，容易打破瓷坯，还有如果拐弯太多，看不到前面的人，不小心碰上了，也容易打破瓷坯。另外，景德镇每条里弄都能相通，那也是因为挑坯只能往前走，不能往后退。因此，古代景德镇的里弄是根据当时的需要而自然形成的。古代的景德镇很热闹，到满窑（将瓷坯装到窑里去烧）的日子，街上会有许多挑坯的人，到开窑（瓷器烧熟后，从窑里取出来）的时候，会有许多人用板车装着烧好的瓷器到红店去做彩绘。街上到处是脚步声、吆喝声，到了晚上更是火光冲天，被古人称为四时雷电镇。所以，您的观察还是非常细腻和准确的。

朱锫：为了完成这座建筑，在过去的四年间，我经常来景德镇，往返几十次。

方李莉：所以，您才抓住了这座城市的灵魂。您以景德镇的窑胆的形式构成了一个建筑群，这些建筑就像景德镇的里弄，彼此相通，而且在相通之处留有缝隙。这座建筑没有窗户，这些从缝隙透过来的光，像黑暗中的光，非常具有神秘感和神圣感，有点像安藤忠雄建筑里的光，但您对这些光的使用更丰富，更富有变化，这是我非常喜欢的地方。

文脉建筑，感官建筑

方李莉：我觉得您做的这个建筑群，很具当地文脉感，不仅是外形，就连建造方式和建造材料也都来自景德镇柴窑的窑胆。我写过景德镇民窑，了解景德镇柴窑是民窑的一个统称，主体是一栋窑房，一楼是烧窑的窑门和一个非常大的活动空间，窑柴可以从那里投进去，装坯（将坯胎放进匣钵，然后运到窑胆里）和开窑（将烧好的瓷器取出）也是在那里进行的。二楼是装窑柴和窑工们住宿的地方，窑胆横卧在窑房中，一半在一楼，一半在二楼。二楼的窑胆顶部有一个看火口，烧窑的看火工就通过这个看火口，吐一口痰到窑里，根据痰在火中的翻滚速度来判断火的温度。景德镇的窑房很结实，但因为不断地投柴烧瓷，一般来讲，窑胆两三年就要放倒重建一次，景德镇人将其称为"挛窑"，我曾经在我的书中记录过这种"挛窑"，觉得很特别，不少方面是当地工匠的创造。窑胆是穹拱形的，没有柱子，没有钢架，一点点拱过来的，在建筑里面这样的方法多吗？我很少看到这样的方法，而且是用砖这样砌过来的，以前的建筑有这样的先例吗？这是独创的吗？

朱锫：世界上任何一个地域都有自己独特的文化，就空间建造而言，都有自己独特的智慧、方法。比如，人类最早的居住空间是用树木、山石来建造的。木头与山石的长度决定了空间的跨度。但后来罗马人发明了拱券，这是空间建造史上的一次革命。早期，罗马人先用土堆出拱形，然后在上面摆上砖石，再浇筑混凝土，之后再砌筑砖石，去土成拱。拱的断面就像三明治。景德镇传统柴窑的建造与罗马时期的拱券完全不一样，用的是薄砖和黏性很强的泥，是依靠砖自身的重力完成的，这就形成了具有强烈的东方拱券特征的复杂的双曲面。景德镇的工匠们不用脚手架，而是利用砖的收分错位，借助重力完成建造。双曲面拱体的建造过程（当地人称之为"挛窑"的过程）是工匠将极为复杂的双曲面沿长轴方向进行无数次横向切割，并确保切割的厚度恰恰是窑砖的厚度。现代建筑师可以借助电脑生成双曲面，而将如此复杂的双曲面转化成无数个单曲面，匠人却是借助手指来完成的。

方李莉：您也是用这样的原理做的吗？

朱锫：对，御窑博物馆建筑的结构形式深受景德镇传统柴窑的启发，借鉴了当地"挛窑"的方法。所以，如你看到的，今天的御窑博物馆的砖和传统柴窑的砖尺寸相同，并且同样采用垂直砌筑方式。

方李莉：您采用的技术和方法在建筑学上有突破吗？

朱锫：有。就是如何将十余个不同尺寸、不同曲率的双曲面拱体系统化。受"挛窑"方法的启发，我发明了一个脚手架系统，好像蜈蚣一样，有爪子，可伸缩，可以借助柔性模板，沿长轴"行走"，这样就实现了很复杂的双曲面的系统建造。

过去的建筑之所以智慧，就是因为它们是用最简单易行的方法建造的，既节省材料又节省能源。但今天如果我们不加理解、不加批判地全盘继承，仍沿用传统方法来建造今天的建筑，反而违背了智慧建造的基本道理，也许会事与愿违。

方李莉：您的想法有道理。这个砖是特制的吗？

朱锫：是的，是找了一些匣钵碾碎，再和了一些黏土烧制出来的。尺寸是根据传统窑砖的尺寸确定的。

方李莉：匣钵碾碎了，材质比较轻，孔隙也比较大，所以，在材料上您也是很讲究的。

朱锫：对，总之，寻求一种传统建筑智慧给予我们的启发，用最聪明、最简单的方式，去塑造一个世界上不存在的事物，我觉得这是一个理想的工作方式，因为艺术的实质就是创造一种新的经验。我们今天的博物馆与过去的博物馆是不一样的，这就是当代建筑存在的意义。但是这个博物馆，并不是外星来客，不是反文化的，不是反生活习惯的，不是抗拒当地气候的，是有自然文脉和历史文脉的。我觉得，这就是我对"自然建筑"的一种观念和理解。因此，看到这个建筑时，你会觉得，它是安全的，是现代的，但似乎又跟过去很有关系。这些老砖的重复闪现，这些拱给人提供的环境，门外的竹林、水面等，都让我们想起这里是世世代代做瓷器的景德镇。

方李莉：您讲得真好！我去参观时，看到一条接一条的窑胆卧在地上，两端通透，大家非常随意地坐在里面，感觉有点像人们坐在里弄里面乘凉。我小时候就是在景德镇长大的，夏天的时候，景德镇很热，那时候家里没空调，大家都会搬一张竹床，在里弄里乘凉，里弄两边是通风的，在这里我找到了当年乘凉的感觉，觉得老景德镇又回来了。

朱锫：景德镇夏天特热，我一个北方人，根本没法适应。在施工时，我经常会跑到一个拱下面，那会儿还没封玻璃，两边都是空的，凉风习习，当时我就觉得，一个个拱体就似一个个风的隧道，它们塑造了宜人的微气候，就像传统里弄一样。事实证明，御窑博物馆在夏季也不需要空调。

方李莉：我觉得您这个理念很好。景德镇的御窑是为皇家造瓷的地方，在历史上是高高在上的，一般的设计师一定会把御窑博物馆做得富丽堂皇，但您把其平民化了，不过这样更有景德镇的气息。

您用水把博物馆与其他地方隔开，人们要从水面经过才能到达博物馆。您是不是想到"沿河建窑、沿窑成市"的说法，把窑和水放在了一起？

朱锫：就像你所说的，瓷是用金、木、水、火、土制造出来的，所以我的建筑就特别希望有这种感觉。在人们远远走向博物馆的时候，走的不是硬地，而是软软的碎石地，人走上去会沙沙作响，在道路的两旁还有竹林摇曳的声音，人们在这样一些声音的引导下走到水边。水也有响声，通常我们进入一个村子，先要进入环绕着村庄的河流和水口。过去，江西所有的老村子，都讲水口。水口就像传统城市边上的十里长亭，属于村子里的物理边界，水口会把村子的边界向前推。这个博物馆的边界好像在这儿，但不是到此为止，水面和这种沙沙作响的地面让它的范围一点点地跟自然形成一种融合的状态，也就是说，御窑博物馆不是内外分明的，而是虚实相涵、内外相生、彼此交融的。

方李莉：在离博物馆很远的地方就听到有流水的声音，我们跟着水的声音走去，眼睛会一亮，看到一个博物馆群，我觉得这种设计非常好。您是怎么想到让这水一直流动并发出溪水般的潺潺声的？

朱锫：如果你去景德镇原始的环境里，就总能听到这种溪水流的声音，不知道溪水在哪儿，但是你能听到它的声音，就是这种很细腻的感觉，还常常伴着竹林摇曳的沙沙声，也就是说，我们还没看见溪流，就先听到了声音；我们还没看到住宅、村落，就看到了竹子、竹林。在景德镇的山林里行走的时候，只要看到有一些竹子，就必然有人家，我对这个印象特别深，所以我会在这个博物馆的外空间和内空间中种一些竹子。

方李莉：我觉得这个竹子用得特别好，有竹子，就有了江南的感觉，还有一种书香气的感觉，因为文人爱竹。您赋予了这座建筑这么多细腻的空间感受，如果放到艺术的范畴来评论的话，这不仅满足了观众的视觉和听觉感受，还使他们获得了各种历史场景和地方性场景的体验。这座博物馆的建筑本身就是景德镇文化的历史的象征体，凝聚了景德镇工匠的灵魂，以及景德镇城市的韵味。

我最喜欢的就是别的建筑的窗户都是开在墙的上方或中央部分，但您在墙和地面之间开一个槽。我透过水面看到了建筑的内部，这个内部展示的不是活动在其中的人头，而是许多在行走的脚，由于是越过水面看过去的，就好像是看到许多人从水中蹚过一样，非常有新意。这一点您是如何想出来的？

朱锫：实际上我拍了很多照片，就在这个水面上，你坐在那儿的时候，人会像蹚水一样行走过去，我就喜欢这样的感觉。这些石头特别像鱼群，一点儿一点儿地向水面浮动，然后鱼背就露出来了。你看到鱼群大部分在水下，但是偶尔露出一点点，就变得很生动，你会觉得这个建筑以及所有的一切都是活的，就像刚才我说的，人走上去会沙沙作响。

方李莉：水上没这几块石头就没意思了，有这几块石头就活起来了，但是用石头做水面的装饰并不常见，所以我觉得这个还挺新鲜的，你可以任意想象，把它们想成是鱼，想成是云，也可以想成是水里面的任何其他生物，我觉得这似乎有一点东方园林的感觉，非常富有诗意。我觉得中国是具有诗人气质的国家。

朱锫：是。中国最早的园林讲究"一池三山"，这样的意境就很诗意化，因为水能反射出天光、建筑、周围的自然环境，让一切融汇在水面上，竹、林、水、木，特别是在细雨蒙蒙的时候，一切都会很有诗性。

方李莉：这是一种情调，是仅仅用视觉一种感官体会不到的，需要调动所有的感官，视觉、听觉、触觉，甚至包括味觉，全身心地体验和感受，这就是东方人的审美意识。

朱锫：我认为，人的五感塑造了我们对建筑的理解，只有调动所有的感官，我们才能受到感染。建筑需要跟人体发生关系，所以这座御窑博物馆不仅是为陶瓷做的，更是在重新塑造窑、人、瓷三者之间的血缘关系。有些陶瓷博物馆就是看陶瓷的地方，那里不会有其他的因素促使人去跟博物馆建筑对话，或者促使人去理解比陶瓷更为广阔的历史场景。这个建筑有意思的地方，或者说成功的地方，就在于它在刺激你去思考，它有留白的地方让你去想象，没有填得很满；它有很多灰空间，让你产生遐想，你会时时看到光线，听到风声。你看下沉的那个院子里有竹林，还有施工后发现的古代遗址。当所有的这些东西交织在一起时，人的思考会变得特别丰富。

方李莉：在这里我们可以看到光，看到水，看到遗址，听到自然的水流动的声音，甚至仿佛听到从古代传来的脚步声。这些声音、这种气氛有一种历史感，还有一种自然气息中的地域感。

时空建筑，意象建筑

方李莉：我觉得这座建筑是很典型的当代建筑，或者说是具有全球视野的建筑。现代主义是工业化扩张的结果，其目标是国际风格，但如今人类正在进入一个全球视野下的时空压缩般的文化场景。如果说，现代主义时期所反映出的是工业化扩张的方盒子式国际风格，那么全球视野下的时空压缩的文化场景所反映出的往往是再地方化的当代风格，所谓的再地方化听上去好像突出的是地方和本土，但实际上这样的地方和本土并非传统意义上的，而是全球化视野中的地方和本土。也就是说，今天的景德镇不再是景德镇的景德镇，甚至也不再是中国的景德镇，而是世界的景德镇，这就是再地方化的概念。再地方化既拉长了时间，扩展了空间，又将时间和空间浓缩到了一个点上。我认为御窑博物馆的设计就是如此，从时间上来讲，这是一座要浓缩600多年（明清官窑）历史的博物馆；从空间上来讲，明清时期中国景德镇出产的瓷器如今几乎遍布世界各大博物馆，当然，这里是出发地点。明清时期，尤其是地理大发现时期，景德镇不仅为中国的王公贵族做瓷器，也为世界各国的王公贵族做瓷器，为中国王公贵族做瓷器的是御窑，为世界其他王公贵族做瓷器的是民窑。但明清时期的"官民互市""官民互动"使御窑的技术通过陶工们的流动传到民窑。为中国皇家做瓷的声誉提高了景德镇在世界上的地位。而且清代以后，实行"官搭民烧"，许多御窑的瓷器也是在民窑烧的。

像这样一个具有几百年历史，同时又有全球文化跨度的博物馆，您是如何去表现的？

朱锫：虽然明清时期的景德镇官窑以及与官窑有关的瓷器很多，但我并不希望在这里陈设特别多的瓷器。我希望它只展示少量的瓷器就行，目的是要以少胜多，这座建筑不是为了展示瓷器，而是为了展示它与周围世界发生的关联，我称之为无边界的博物馆。全球许多的博物馆都有景德镇的瓷器，它们有关景德镇瓷器的藏品可能都远远地超过了景德镇，如大英博物馆、维多利亚博物馆、大都会艺术博物馆、德累斯顿国家艺术收藏馆等。来自景德镇御窑或与御窑有关的瓷器，虽然散落在世界各地，但是它们都是从这里出去的。建御窑博物馆的目的，不是炫耀我这里收藏的瓷器多，而是要讲述一个有关瓷器来自什么地方的故事，追溯一个文明的起源，告诉人们今天的这个博物馆就在当年御窑的边上，来到这里可以看到很多历史遗迹，产生很多联想。所以，这个博物馆就不像传统的博物馆那样，里面放了不少的藏品，它不是一个纯粹的信息载体，而是更多地给人带来一种想象。当下，如果我们需要了解一些信息，根本不用去博物馆，用手机上网就能做到。御窑博物馆的唯一性就在于它在景德镇，在御窑的遗址旁边。

你看到前面充满阳光的下沉院落，透过竹林，博物馆的工作人员正在修复这些碎瓷片。这也是展览很重要的一部分，让人们能看到这些碎片被修复的过程也很有意义。

方李莉：这样的构想非常好。此外，我觉得您的这个建筑最有特点的就是地面与地下结合，而且地下的空间比地面更大，利用的空间更整体化。为什么会这样？

朱锫：我这样设计是因为我想把地面上的空间做得矮一点，一旦地面空间做得很高，就不再是我们传统柴窑的感受了。实际上传统的柴窑也是上下一分为二的，有一个木头平台，下边是一部分，上面是一部分，底下是摆东西的。从地面上看，只有尺度小，建筑才接近于我们所理解的柴窑，而且传统的民居一般是八米高，我希望它跟民居之间是一种邻里般的友善关系。所以，人们看到的建筑有像丘陵的那种"山"形的曲线，有一种俯卧在这里的感觉，而且整个建筑还有一点儿半藏在地下的感觉。

传统的博物馆的体量，一般都是一个大方块，跟周边的环境是割裂的，但御窑博物馆是与周边环境相融的，这些拱体像一艘艘船似的，很松散地摆在这里，跟周边环境相呼应，里出外进，你进我退，彼此之间的所有元素似乎都能融进来。

御窑博物馆有一条主流线贯穿着固定展览，同时还有一条临时展览的流线，有自己独立的出入口，可以并入主流线，也可以剥离。刚才我们去了咖啡厅、茶空间、礼品店、书店等服务性空间，它们与展览空间若即若离，彼此编织交融，这很好地证明了建筑不是凝固的音乐，而是流动的音乐。

这里的楼梯都不同寻常，带给我们与众不同的体验。它们都嵌在两个拱体之间，自然光线洒在用新砖与带有窑汗的老窑砖一起砌筑的双曲面拱体上，特别生动。它们诱使你驻足，亲手去抚摸墙体，并不由自主地想象这些老窑砖的来处和那个年代。

方李莉： "窑汗"这个名词叫得非常好，窑出的"汗"。在景德镇，传统的窑胆两三年就要重建一次，重建时要把以前的老窑砖拆下来，这些老窑砖是不能再用来建窑的，但景德镇人很会废物利用，用它们来建房子，所以，传统景德镇里弄的民居，都是用这种老窑砖砌的房子。所谓的窑汗，就是砖头上带着的釉。只有在窑里烧了好多次，在很高的温度下才能烧出这种窑汗。窑汗可以说是一种历史的结晶。当下，景德镇到处在盖新房子，这些从旧房子上拆下来的老窑砖随处可见，您把它利用起来是非常智慧的。将新砖和老砖混在一起，人们搞不清楚这些窑砖来自什么时候，来自景德镇里弄中的哪一座旧房子。人们禁不住会去触摸它们，在触摸的过程中会被带入长长的历史隧道。

朱锫：重复利用老窑砖的传统，从古代一直延续到今天，虽然古老，但这是一种很新的、很生态的观念。你看到的玻璃和水面的反光，也是为了让这个建筑一直处在跟自然对话的状态中，让光线也在不停地变化。

方李莉：我看到了顶部的许多玻璃圆孔，很漂亮，有一种很特别的感觉。我觉得您是在表现传统窑胆上的那些看火孔，很新颖，也很有意思。走入御窑博物馆，既像走进了传统的景德镇柴窑，又像走进了传统的景德镇里弄。这些相互连接的"里弄"，中间隔有缝隙，在缝隙中既有一道一道的光透进来，还有自然的风通进来，很美，很神秘。行走于其中，仿佛穿过时空隧道，从今天穿越到远古，过程中不仅可以体会到历史的感觉，还会有很多灵感的东西被触发。我觉得您把地上和地下空间穿插起来，是很有意思的构思，很少有这样一种格局。

朱锫：地上和地下连接的每个平台实际上都带来同一种感受，当你回望这个建筑，如这个小的楼梯，会发现天光倾泻在这里时能带来一种很圆润的感受。这种感受跟瓷器很有关系，跟窑也很有关系。总体来说，这个建筑是朴素的、原真的，不是那种装饰得漂亮的东西。楼梯也是，做得都是极其朴素的。当我们沿着主流线行走时，会自然而然地回到原点，即进入博物馆序厅。博物馆中还有一个惊喜等待着人们去发现，那就是学术报告厅。它像一个教堂、一个精神空间。

方李莉：这里好像是一片遗址，还有往上走的台阶，我们可以坐在台阶上看这个遗址。

朱锫：我的想法就是你到这儿来，它（遗址）诱使你坐到这儿，然后这时候你可能就能理解这个建筑了。遗址讲的是地面以下的故事，所以建筑被"拉开"细细的横缝，你可以通过横缝专注于观察地面。其实，我们眼前的遗址，是施工的时候发现的，为了保留这个遗址，我们彻底修改了设计图纸，最终把它很好地嵌入了博物馆建筑，并利用标高的不同，塑造了一个可以遮阳避雨的户外剧场。我们可以在这里坐下来体验一下，这就是博物馆。你看，从这里可以看到户外、室内，而且这是一个半户外。那个地方既是台阶，又是剧场，我不想去限定它具体的功能，可以把它当作一段楼梯。学生们坐在那里，老师就可以开始讲述御窑的故事了。

方李莉：从这里看外景挺有意思的，看到的东西很不一样。

朱锫：你看，你带着学生们来了，大家就坐在这儿，喝着茶，风可以穿过很圆润的窑体，下面有展览，远端有民居，近端有遗址——虽然周边环境有些凌乱，但是我觉得它很真实。

方李莉：传统的博物馆的功能就是让观众们进去，就是看展品，至于建筑是什么样的，大家并不关注，因为所有的博物馆都大同小异，格局一样，灯一样，陈设也大致相似，很难感受到一种特殊的地域文化，但您的设计打破了这一传统。这样的博物馆即使没有展品，也能让人感受到它要传达的历史故事、地方文化，换句话说，博物馆的内外空间本身就是这些历史和文化的载体。人们进来不仅可以捕捉到视觉方面的信息，更可以用全身心感受和体验一些全息性的东西，调动想象力、创造力，然后通过视觉、听觉、触觉，去建构自己心中特有的有关景德镇御窑的种种画面。这是一种非常超前的设计理念。

我们今天来到这里，看到的主要是建筑和当代艺术展，真正的陈列品还没进来，未来这里展示的是什么东西呢？

朱锫：未来这个博物馆展示的内容包括两部分：一部分是固定展，主要展出从御窑挖出来的碎片，它们会通过黏结恢复原有的造型和纹饰；还有一部分是交换展览或者是临时的、不确定的。以后这些空间都要用起来，但现在还空着。不过，我主张展品少一些，尽可能空一点儿。

方李莉：空一点儿才有意思，不要装得太满，留一点儿空白让观众去想象和体验。以往的博物馆主要是作为一个"容器"而存在的，建筑只是为里面的内容服务，其本身的形式并不重要，"容积"才是重要的。所以，人们进去后，一般不会注意建筑本身，而您设计的御窑博物馆，其建筑本身就是展品：它的每一块砖、每一个空间、顶部的每一片光亮，还有四周的竹林、沙沙作响的小道、潺潺流动的溪水，以及从墙底下露出的、仿佛在水中蹚过的人们的双脚，等等。这些都能勾起人们对当年的御窑、当年景德镇工匠生活的种种联想。带着这样的联想再去看那些被修复的明清官窑展品，就会有更深的领悟和更强的求知欲及探索欲。在这里，建筑不只是一个容器，而是展览的一部分，而且是最具生命力和灵魂的那部分。

朱锫：是的，这个博物馆渗透了很多没有被规定的行为，这些行为靠着使用者的想象力，靠着我们未来不同时代的人发挥他那个时代的想象力，共同拉着博物馆走向不同的时代。这个博物馆必须是有生命的，但这个生命，不是建筑师赋予的，而是博物馆中的空白留给世界的，留给他人的。比如说，中国的绘画，尤其是元代的山水绘画，一定有几个观念。第一，画家画山的时候，绝不是坐在山前去画，而是游历数个月后，回到家中的房间里，再把他的经验感悟画出来。其画的不是一个事物具体的再现，而是充满了内心的、会心的、经验的表达。他画的永远不是黄山，不是华山，而是心中的山。在这样的山水画里，自然为大，只有画面角落里的那个小茅屋，暗示着这是一个文明世界，不是一个荒野世界。在人类文明与自然产生的关系里，他是知道主次的。第二，这个画面一定是写意的、抽象的，不是一个物理现象的再现，也不是发生在同一个时刻的情景，他会把这几个月的游历综合地反映在画面上。第三，那个画面是不完整的，永远会有空白，这些空白可以说是雾，但雾背后是什么就要由人们去想象了，不仅仅是他那个时代的人会去想象，不同时代的人都会去想象，直到今天，我们还会去想象。这些作品从元代流传到今天，但是它们还在与人进行交流。如果你设想一幅欧洲文艺复兴时期的绘画作品，由于其强调的是一个时刻的场景，它的贡献就是某一时刻、某一物理现象的真实记录，即使将表现推到了非常极致的状态，它记录的就是此时此刻，它很完整，无法再与人进行交流。我们的确很欣赏它，的确会感叹，但我们进不去，其中所有的元素是已经被规定好了的，没有留下空白让我们进去。建筑也是一样，那种非常完整的建筑，就像欧洲文艺复兴时期的某些绘画一样，人是进不去的。当然，建筑是空间，人可以进去，但人的思想进不去，想象力进不去，我们被约束了，这就是我反对的建筑模式。

我提出的"自然建筑"的观念，就是要让建筑"不完整"，就像中国的绘画，要留有空白。如果做得太完整了，我们就无法交流。建筑内部不完整，就要通过一些流动的内容去填充，要通过人的想象力去填充，实现"不完整的完整"，而不是事先规定好的。比如，在这个空间中，说它是台阶也可以，你可以拾级而上，从一楼去到二楼；也可以说它是剧场，人们可以坐下来，讨论眼前所看到的遗址；你还可以仅仅是坐下来休息，或无所事事地遐想。在这座建筑里，很多地方，似台阶，又不是台阶，人在这里面会发生行为的偏离，会根据各自的需要去创造性地使用它。

方李莉：我觉得您讲得非常好，其实您在这里表达的是两种价值体系的审美选择。我开始不太明白您为什么要提出"自然建筑"这样的概念，我原以为是生态的概念，是建筑与大自然以及地方文脉所形成的关系的概念。听您讲后，我明白了，其实这体现的是东西方文明之间不同的哲学理念。您用中国的山水画和欧洲文艺复兴时期的绘画对比来说明东西方不同的审美追求，我觉得非常好，中国的山水画可以说是东方绘画的最高境界，表面上是在画画，实际上是在表达意境、意趣、意象。这个"意"字是有深意的，是一种生命的延伸与扩展，是一种灵魂的不断外溢，所以需要有留白空间，中国写意画常常要留白，其实这留白之处往往比绘画之处更重要，更精彩。这里的精彩是留给观众自己去表达，去对话的。一代一代的人都可以在这留白之处去表达自己所处的那个时代的想象。这在艺术人类学里被称为"交换"理论，也就是说，一件艺术品的价值不是一成不变的，不同时代、不同地域的人在交换和交流中不断地重新解读，不断地改变着它原有的价值，因此，艺术品也成了有生命力的行动者。您的这件作品就是如此，它提供了我们无限的可以解读、可以想象的空间，它是可以不断再创造的空间。

另外，您讲到了西方古典绘画由于太完整，阻隔了人们的想象空间，我觉得现代主义以后，西方开始出现表现主义，如野兽派、立体派、抽象绘画等，后来又出现达达主义、装置艺术等，他们也是想从过于完美和完整中走出来。但是，他们走的是另外一条路子，那就是对传统的反叛与批评，其表达往往是激烈和刺激的，是表现张力和震惊的，和东方的这种诗意的、宁静的、空虚的不完整、不完美不一样。所以，我常常觉得无论是造物、绘画，还是做建筑，最终都是在表现哲学。当然，在哲学中东西方未必对立，也有相互重合的地方。

朱锫：是的，中国的山水画对我建筑观念的影响很大，同样，西方的绘画对我也有影响。比如说，达·芬奇早期画的素描小稿令人着迷，因为它不完整，就令人去想象。又比如，《蒙娜丽莎》，至今仍令后人推崇，作品本身塑造了神秘和悬念，这种神秘感为我们留下了许多想象的空间。你说东方文化有神秘感，我觉得是有道理的，因为我们的哲学是以自然哲学为基础的，对自然是有敬畏之心的，即使在今天，大自然对人类而言，也仍然充满了神秘感。

方李莉：这就是中国人的理念，所以中国人才创造了山水画，在山水画中大自然是主体，人是其中很渺小的配角。而在西方的绘画中，人永远是主角，虽然西方也有风景画，但风景画也常常是在表现文明世界中的某一个场景或局部，自然只是人的配角。

结束语

我是艺术人类学的学者，朱锫教授是建筑学家，但我们的交流并没有让我有学科之隔的感觉，反而让我觉得无论是什么学科，只要上升到哲学层面和审美层面，就进入了一个自由的王国。在这样的王国中我们是没有隔阂的，那是因为思想是可以打破壁垒、自由交流的。

而且，在交流中我们都看到了，人类社会正在发生巨大的变化，人类的审美意识和观看世界的方式都较以往发生了很大的变化，因此，博物馆的功能和任务也在发生变化。在这样的背景下，朱锫教授所设计的御窑博物馆，不仅是在审美形式上有所创新，在功能的利用上和哲学的思考上也都有新的探索。

他所提出的"自然建筑"给予我们的不仅有视觉上、听觉上、触觉上、心理上的感受，还留有许多让观众自己去填补、去完善、去想象、去对话和去再创造的空间。这个空间包括地域的历史、文化以及自然环境的语言，在这样综合的语言中体现的是一个地方文脉的灵性和灵魂，是可以让这座城市获得合法性存在的种种因素。

也就是说，朱锫教授设计的御窑博物馆从诞生开始，在很长的时间里都将会成为重构这座城市人文景观的重要部分，也将成为景德镇另一个时代来临的标志。明清时期，皇家御窑厂改变了景德镇的城市命运，成为城市发展的中心，而工业化结束了它的具体功能价值。在很长的一段时间里，人们试图将其视为落后的封建文化而丢弃、遮蔽，为此将原有的建筑拆除，在这一地方新建了市政建筑群。但今天，人们不仅是在重新发掘它的历史意义，还请来了朱锫教授在这里进行新的设计，建起了一座有如此当代语言的御窑博物馆。这标志着又一个新的时代的来临，景德镇人未来的命运是和这个新的时代紧密相连的。朱锫教授是幸运的，因为他为这一时代的来临做了注脚，设计了一座划时代的建筑。这一建筑在未来会成为景德镇历史的重要的一部分，而朱锫教授也注定会成为非常重要的人物留在景德镇的史册中。

方李莉

中国艺术人类学学会会长，中国艺术研究院艺术人类学研究所副所长，东南大学艺术学院特聘首席教授，艺术人类学与社会学研究所所长，中国非物质文化遗产专家委员会委员，中国联合国教科文组织全国委员会咨询专家。

朱锫简介

朱锫出生于北京，曾就读于清华大学和美国加州大学伯克利分校，于 2005 年在北京创建朱锫建筑事务所。他创作了大量杰出的文化建筑实验性作品，这使他成为当代最具有影响力的建筑师之一。他曾作为客座教授执教于美国哈佛大学和哥伦比亚大学，现任中央美术学院建筑学院院长、教授，美国耶鲁大学客座教授。因其在国际范围内对建筑艺术做出的突出贡献，他被授予美国建筑师协会（AIA）荣誉院士称号。他曾担任欧洲最重要的建筑奖"密斯·凡·德·罗建筑奖"评委。

朱锫的研究和实验性作品致力于当代建筑、艺术和文化领域。他不断探索将作品深深扎根于特定自然和文化的根源与革命性创新思维两者之间的关系。随着他的实验性教学和实践，他发展了自己的建筑哲学——"自然建筑"。"自然建筑"一方面是一种建造文化的诗学，另一方面，也是对"全球气候变化"和"地域文化断裂"这两个当今人类所面临的巨大挑战的回应。

他的作品先后在世界知名美术馆、重要展览及大学中展出，如纽约现代艺术博物馆（MoMA）、意大利威尼斯建筑双年展、日本 GA 美术馆、法国蓬皮杜艺术中心、英国维多利亚博物馆、德国卡塞尔、德国德累斯顿国立美术馆、巴西圣保罗双年展、柏林 Aedes 建筑艺术馆个展、哈佛大学、罗马 21 世纪美术馆等。多件作品被纽约现代艺术博物馆（MoMA）、法国蓬皮杜艺术中心、英国维多利亚博物馆、中国香港特别行政区的 M+ 博物馆、美国卡内基艺术博物馆永久收藏。

他曾荣获众多国际奖项，如被美国《建筑实录》（*Architectural Record*）杂志评为"全球设计先锋"，英国《建筑评论》（*The Architectural Review*）"未来建筑奖"，美国建筑师协会（AIA）国际"建筑设计荣誉奖"，意大利 THE PLAN Award "文化建筑最高奖"，欧洲砖筑奖"最高奖"，美国 Architizer A+ Awards"年度最佳项目"及"博物馆设计奖"，"1949—2009 中国建筑学会建筑创作奖"，被国际建筑师协会、联合国教科文组织授予"设计特别奖"等。

他曾多次受邀参与国内外知名大学建筑学院的系列讲座，如哈佛大学、哥伦比亚大学、加州大学伯克利分校、剑桥大学、加州大学洛杉矶分校、罗得岛设计学院、雪城大学、南加州大学、库伯高等科学艺术联盟学院、南加州建筑学院、得克萨斯大学奥斯汀分校、纽约州立大学布法罗分校、伊利诺伊大学厄巴纳 - 香槟分校、塔里埃森建筑学院、奥克兰大学、清华大学等。

项目信息

项目名称	景德镇御窑博物馆
地点	中国江西省景德镇市珠山区珠山中路 187 号
业主	景德镇市文化广播电影电视新闻出版局，景德镇陶瓷文化旅游发展有限公司
设计时间	2016 年 1 月—2017 年 3 月
建造时间	2016 年 10 月—2020 年 3 月
基地面积	9 752 平方米
建筑面积	10 370 平方米
结构形式	钢筋混凝土拱壳及砖拱
建筑、室内、景观设计	朱锫建筑设计事务所
主持建筑师	朱锫
前置批评	周榕
艺术顾问	王明贤、李翔宁
设计团队	何帆、中村周平（Shuhei Nakamura）、韩默、由昌臣、张顺、刘亦安、刘伶、吴志刚、杜扬、杨圣晨、陈奕达、贺成龙、丁新月、聂文浩
建筑、景观合作设计	清华大学建筑设计研究院有限公司
展陈设计	朱锫建筑设计事务所，北京清尚建筑装饰工程有限公司，清华大学美术学院
标识设计	朱锫建筑设计事务所，因未设计
总承建商	中国建筑一局（集团）有限公司，中建一局华江建设有限公司

结构、机电、绿建顾问　　清华大学建筑设计研究院有限公司

　　　　幕墙顾问　　深圳市大地幕墙科技有限公司

　　　　照明顾问　　北京宁之境照明设计有限责任公司

　　　　声学顾问　　浙江大学建筑技术研究所

　　　　展柜顾问　　四川省克里克尼泽菲德展览展示有限公司

　　　　项目摄影　　苏圣亮：封面，115，116，117，118—119，120—121，122—123，132，133，134，135，136—137，138，139，140—141，142，144，145，146，147，149，150，151，152，153，154 左，155，156—157，158，160，161，162-163，164，165，169，172，173；田方方：108—109，130—131，143；金伟琦：129 下，184，185，186，187，189，190，191，192—193，194，195，196，197，198；张钦泉：166—167；陈耀杰：199；张茜：2 左；董博泰：2 右；朱锫建筑设计事务所：39，40，41，42，43，44，45，47，48，49，58，59，60—61，62，63，64，65，66，67，68，69，70，71，72，73，74，75，90，91，92，93，94，95，96—97，114，124—125，126—127，128，129 上，148，154 右，159，168，170，171，188，232，封底

　　　　获奖信息　　2021 美国建筑师协会（AIA）国际"建筑设计荣誉奖"

　　　　　　　　　　2021 意大利 THE PLAN Award "文化建筑最高奖"

　　　　　　　　　　2021 美国 Architizer A+Awards "年度最佳项目"及"博物馆设计奖"

　　　　　　　　　　2021 加拿大 AZ Awards "建筑设计奖"

　　　　　　　　　　2022 欧洲砖筑奖"最高奖"及"最佳共享公共空间建筑奖"

　　　　　　　　　　中国建筑学会"2019—2020 建筑设计奖 - 历史文化保护传承创新"一等奖

　　　　　　　　　　英国《建筑评论》（*The Architectural Review*）2017 "未来建筑奖 - 最佳文化建筑"

　　　　　　　　　　被意大利 designboom 评为 2020 年全球十佳博物馆及文化中心

　　　　　　　　　　被英国 Dezeen 评为 2020 年全球十佳博物馆及美术馆

致谢

本书的构想源于很多学者的鼓励，就此而言，我首先需要感谢王明贤教授在本书构想过程中所给予的指导和帮助。

我特别要感谢国外著名学者肯尼斯·弗兰姆普敦、斯蒂文·霍尔、矶崎新、雷姆·库哈斯、莫森·莫斯塔法维、托马斯·克伦斯，以及中国著名学者范迪安、王明贤、周榕、李翔宁、方李莉为本书所撰写的序和评论文章，这些文字令我感悟良多、深受启发，没有他们的热情帮助，就不会成就此书。

我尤其要感谢肯尼斯·弗兰姆普敦教授在我 2016 年执教于哥伦比亚大学期间，就御窑博物馆设计构思与我进行的深入讨论，以及提出的建设性意见带给我的启发。特别感谢周榕、莫森·莫斯塔法维、李翔宁、陈伯康教授，以及著名艺术家方力钧亲临施工现场时的敏锐观察和给予的建议。

我希望向御窑博物馆开幕展的参展艺术家徐冰、隋建国、刘小东表达深厚的谢意，是他们卓越的艺术作品，让御窑博物馆拓展了其自身的边界。

我希望向中央美术学院的同事常志刚、郑雅文、何可人、黄良福老师在本书的筹划、出版及英文版文字校核过程中所给予的支持表达感谢。

我特别要感谢我的同事夏瑶瑶、刘亦安在本书的创意、资料梳理、编辑、排版、文字翻译、校核过程中所做的突出贡献，感谢她们面对复杂、烦琐的工作所展现出的耐心和持之以恒的努力。

此外，我还要感谢陈迪佳为本书篇章《前言：朱锫的建筑》《朱锫的景德镇御窑博物馆，中国江西，2016—2020》《考古——一个博物馆的创作探索》的翻译所做的大量工作。感谢我的学生王闻、张茜、王思琦、王俊棋、王逸茹为本书的文字翻译、资料梳理所做的杰出工作。感谢禤祺东为本书提供的视觉设计指导。感谢摄影师苏圣亮、田方方、金伟琦、张钦泉，为御窑博物馆创作的摄影作品。

最后，我希望对广西师范大学出版社、澳大利亚视觉出版社，以及雅昌文化（集团）有限公司参与本书编辑、出版、印刷工作的每一位同仁的大力协助表示诚挚的感谢，对他们在繁杂的工作中所表现出的职业操守、持久不懈的努力表示敬意。